U0176948

建筑与装饰工程计量计价

主　编　杨　韬　姜丽艳　皮艳秋
副主编　宋艳萍　董立平　金宇辉

图书在版编目(CIP)数据

建筑与装饰工程计量计价 / 杨韬, 姜丽艳, 皮艳秋主编 ; 宋艳萍, 董立平, 金宇辉副主编. -- 天津 : 天津大学出版社, 2023.7

ISBN 978-7-5618-7546-9

Ⅰ. ①建… Ⅱ. ①杨… ②姜… ③皮… ④宋… ⑤董… ⑥金… Ⅲ. ①建筑工程－工程造价②建筑装饰－工程造价 Ⅳ. ①TU723.32

中国国家版本馆CIP数据核字(2023)第127277号

出版发行　天津大学出版社
地　　址　天津市卫津路92号天津大学内（邮编:300072）
电　　话　发行部:022-27403647
网　　址　www.tjupress.com.cn
印　　刷　廊坊市海涛印刷有限公司
经　　销　全国各地新华书店
开　　本　787mm×1092mm　1/16
印　　张　12.25　插18
字　　数　360千
版　　次　2023年7月第1版
印　　次　2023年7月第1次
定　　价　48.00元

前　言

随着数字经济的发展，建筑行业迎来了数字化造价的新时代，为深入推进“三教”改革，长春市城建工程学校结合建筑工程造价专业人才培养方案的要求，组织编写了本教材。

本教材以现行的《房屋建筑与装饰工程工程量计算规范》《建设工程工程量清单计价规范》为主线，以实际工作过程为导向构建教材体系，主要针对中等职业学校建筑工程造价专业、建筑工程施工专业及其他建筑类相关专业的学生。本教材内容既考虑了基础性和时效性，又兼顾了职业性和创新性，同时依托现阶段 BIM 系列造价软件，强化技能训练，真正落实“理实一体”，突出“做中学，学中做”的职业教育理念。

本教材的编写有效地融入了 1+X 工程造价数字化应用职业技能考核标准及技能大赛相关内容。本教材的编写得到了吉林省产教融合型试点企业吉林省求实建设软件有限公司的大力支持，在此深表感谢！

本教材附录为实验楼施工图纸，供实训参考使用。

本教材可作为中等职业学校建筑工程造价专业及相关专业教学用书，同时也可作为建筑建工类施工、咨询企业员工培训参考用书。

由于编者水平有限，编写时间仓促，书中难免有不足之处，恳请广大读者批评指正。

编者

2023 年 7 月

目　录

项目 1　土方工程计量计价

任务 1.1　土方工程工程量清单编制

【知识目标】

（1）理解土方工程工程量清单项目设置依据。
（2）掌握土方工程工程量清单编制方法。

【能力目标】

（1）能够根据《房屋建筑与装饰工程工程量计算规范》（GB 50854—2013）（以下简称《规范》）的要求及施工图内容设置土方工程清单项目名称。
（2）能够准确描述土方工程清单项目特征。
（3）能够运用造价软件编制土方工程工程量清单。

【素养目标】

（1）积极参与小组讨论，共同研讨确定土方工程清单项目，培养团队协作精神。
（2）养成良好的学习习惯，培养踏实的工作作风。

1.1.1　任务分析

工程量清单是工程量清单计价的基础，工程量清单的编制是工程造价从业人员应具备的基本能力。本任务包括以下三方面内容。
（1）理解土方工程清单项目名称设置依据。
（2）学会土方工程清单项目特征描述方法。
（3）能够运用造价软件编制土方工程工程量清单。

1.1.2 相关知识

1. 工程量清单构成

工程量清单是载明建设工程分部分项工程项目、措施项目、其他项目的名称和相应数量以及规费、税金项目等内容的明细清单。根据《规范》规定，工程量清单由项目编码、项目名称、项目特征、计量单位和工程量五个要件组成，具体规定如下。

（1）工程量清单的项目编码应采用十二位阿拉伯数字表示，第一至九位应按《规范》的规定设置，第十至十二位应根据拟建工程的工程量清单项目名称和项目特征设置，具体含义如下：第一、二位为专业工程代码（01 表示房屋建筑与装饰工程，02 表示仿古建筑工程，03 表示通用安装工程，04 表示市政工程，05 表示园林绿化工程，06 表示矿山工程，07 表示构筑物工程，08 表示城市轨道交通工程，09 表示爆破工程）；第三、四位为附录分类顺序码；第五、六位为分部工程顺序码；第七至九位为分项工程项目名称顺序码；第十至十二位为清单项目名称顺序码，如表 1-1-1 所示。同一招标工程的项目编码不得有重码。

表 1-1-1 工程量清单的项目编码

0	1	0	1	0	1	0	0	2	0	0	1
专业工程代码		附录分类顺序码		分部工程顺序码		分项工程项目名称顺序码			清单项目名称顺序码		

（2）工程量清单的项目名称应按《规范》规定的项目名称，并结合拟建工程的实际确定。

（3）工程量清单的项目特征应按《规范》规定的项目特征，并结合拟建工程项目的实际予以描述。项目特征是分部分项工程量清单项目、措施项目自身价值的本质特征，是区分清单项目的依据，是确定一个清单项目综合单价的重要依据，更是履行合同义务的基础。在编制工程量清单的过程中，应根据《规范》中有关项目特征的要求，结合技术规范、标准图集、施工图纸，按照工程结构、使用材质及规格或安装位置等，予以详细且准确的表述和说明。

（4）工程量清单的计量单位应按《规范》规定的计量单位确定。有的项目有两个或两个以上单位的，应按照最适宜计量的方式选择其中一个填写。

（5）工程量清单中所列的工程量应按《规范》规定的工程量计算规则计算。

2. 土方工程中常见的清单项目

根据《规范》，土方工程中常见的清单项目名称如表 1-1-2 所示。在编制工程量清单时，可根据图纸内容，选择相应的项目编码、项目名称和计量单位，并结合项目特征要求准确描述拟编制清单的项目特征。

表 1-1-2　土方工程

<table>
<tr><th>项目编码</th><th>项目名称</th><th>项目特征</th><th>计量单位</th><th>工程量计算规则</th><th>工作内容</th></tr>
<tr><td>010101001</td><td>平整场地</td><td>1. 土壤类别
2. 弃土运距
3. 取土运距</td><td>m^2</td><td>按设计图示尺寸以建筑物首层建筑面积计算</td><td>1. 土方挖填
2. 场地找平
3. 运输</td></tr>
<tr><td>010101002</td><td>挖一般土方</td><td rowspan="3">1. 土壤类别
2. 弃土运距
3. 取土运距</td><td rowspan="3">m^3</td><td>按设计图示尺寸以体积计算</td><td rowspan="3">1. 排地表水
2. 土方开挖
3. 围护（挡土板）及拆除
4. 基底钎探
5. 运输</td></tr>
<tr><td>010101003</td><td>挖沟槽土方</td><td rowspan="2">按设计图示尺寸以基础垫层底面积乘以挖土深度计算</td></tr>
<tr><td>010101004</td><td>挖基坑土方</td></tr>
<tr><td>010103001</td><td>回填土方</td><td>1. 密实度要求
2. 填方材料品种
3. 填方粒径要求
4. 填方来源、运距</td><td>m^3</td><td>按设计图示尺寸以体积计算
1. 场地回填：回填面积乘以平均回填厚度
2. 室内回填：主墙间面积乘以回填厚度，不扣除间隔墙
3. 基础回填：挖方清单项目工程量减去自然地坪以下埋设的基础体积</td><td>1. 运输
2. 回填
3. 压实</td></tr>
<tr><td>010103002</td><td>余方弃置</td><td>1. 废弃料品种
2. 运距</td><td>m^3</td><td>按挖方清单项目工程量减去利用回填土方体积（正数）计算</td><td>余方点装料运输至弃置点</td></tr>
</table>

3.《规范》关于土方工程清单项目划分的常见规定

（1）挖土方平均厚度应按自然地面测量标高至设计地坪标高的平均厚度确定。基础土方开挖深度应按基础垫层底面标高至交付施工场地标高确定，无交付施工场地标高时，应按自然地面标高确定。

（2）建筑物场地厚度≤±300 mm 的挖、填、运、找平，按平整场地列项，厚度>±300 mm 的竖向布置挖土或山坡切土按挖一般土方列项。

（3）沟槽、基坑、一般土方的划分：底宽≤7 m 且底长>3 倍底宽为沟槽；底长≤3 倍底宽且底面积≤150 m^2 为基坑；超出上述范围则为一般土方。

（4）土壤类别不能准确划分时，可标注为综合，由投标人根据地勘报告确定报价。

（5）挖沟槽、基坑、一般土方，因工作面和放坡增加的工程量是否并入各土方工程量中，应按各省、自治区、直辖市或行业建设主管部门的规定实施。

例题 1.1.1

已知某建筑土方工程，一、二类土，平整场地工程量 45.63 m^2，条形基础底面标高-1.7 m，土方工程量 53.19 m^3，回填土方 37.93 m^3，土方外运距离 10 km，试编制相应的工程量清单。

依托广联达计价软件，根据上述条件，确定土方工程清单项目有平整场地、挖沟槽土方、回填土方和余方弃置，依据题意分别描述项目特征，填写工程量，编制工程量清单如表 1-1-3 所示。

表 1-1-3　分部分项工程和单价措施项目清单与计价表(例题 1.1.1 表)

分部分项工程和单价措施项目清单与计价表								
工程名称:建筑工程								
序号	项目编码	项目名称	项目特征描述	计量单位	工程量	金额(元)		
						综合单价	合价	其中 暂估价
		整个项目						
1	010101001001	平整场地	1. 土壤类别:一、二类土 2. 弃土运距:投标人自行考虑	m^2	45.63			
2	010101003001	挖沟槽土方	1. 土壤类别:一、二类土 2. 挖土深度:2 m 以内 3. 弃土运距:10 km	m^3	53.19			
3	010103001001	回填土方	密实度要求:满足设计和规范要求	m^3	37.93			
4	010103002001	余方弃置	运距:10 km	m^3	15.26			

1.1.3　任务小结

本任务的主要目标是理解土方工程工程量清单的设置依据,掌握土方工程工程量清单的编制方法,学会确定工程量清单项目名称,并准确描述工程量清单项目的特征以及填写工程量,能够运用造价软件完成土方工程工程量清单的编制。

1.1.4　知识拓展

1. 编制招标工程量清单的依据

(1)《规范》和相关工程的国家计量规范。

(2)国家或省级、行业建设主管部门颁发的计价依据和办法。

(3)建设工程设计文件。

(4)与建设工程有关的标准、规范、技术资料。

(5)拟定的招标文件。

(6)施工现场情况、工程特点及常规施工方案。

(7)其他相关资料。

2. 工程量清单、招标工程量清单和已标价工程量清单

(1)工程量清单是载明建设工程分部分项工程项目、措施项目、其他项目的名称和相应数量以及规费、税金项目等内容的明细清单。

（2）招标工程量清单是招标人依据国家标准、招标文件、设计文件以及施工现场实际情况编制的，随招标文件发布供投标报价的工程量清单，包括对其的说明和表格。

（3）已标价工程量清单是指在工程承包过程中，构成合同文件的一部分，其中列明了每个工程量清单项目的价格，并经过算术性错误修正（如果有错误）后，由承包人确认的工程量清单，包括对其的说明和表格。

招标工程量清单和已标价工程量清单是在工程发包的不同阶段对工程量清单的进一步具体化。

3. 管沟土方工程

在实际工程中，除基础工程需要进行挖土方外，在市政工程和安装工程中也经常涉及土方工程，例如管道施工中的挖土方。管沟土方工程的项目名称、项目特征和工程量计算规则，如表 1-1-4 所示。

表 1-1-4　管沟土方工程

项目编码	项目名称	项目特征	计量单位	工程量计算规则	工作内容
010101007	管沟土方	1. 土壤类别 2. 管外径 3. 挖沟渠 4. 回填要求	1.m 2.m^3	1. 以米计量，按设计图示以管道中心线长度计算 2. 以立方米计量，按设计图示管底垫层面积乘以挖土深度计算；无管底垫层按管外径的水平投影面积乘以挖土深度计算。不扣除各类井的长度，井的土方并入	1. 排地表水 2. 土方开挖 3. 围护（挡土板）、支撑 4. 运输 5. 回填

1.1.5　岗课赛证

（1）熟悉《规范》中土方工程清单项目的相关内容，包括项目编码、项目名称、项目特征、计量单位和工程量等。

（2）（单选）根据《规范》的规定，若土方工程的开挖设计长度为 20 m，深度为 0.8 m，在清单中应列为（　　）。

A. 平整场地　　B. 挖沟槽　　C. 挖基坑　　D. 挖一般土方

（3）（单选）工程量清单的准确性和完整性由（　　）负责。

A. 招标人　　B. 投标人　　C. 监理单位　　D. 设计方

任务 1.2　土方工程工程量计算

【知识目标】

（1）理解土方工程工程量计算规则。

（2）学会土方工程工程量计算方法。

【能力目标】

（1）能够运用工程量计算规则计算简单的土方工程工程量。
（2）能够完成土方工程的数字化建模。
（3）能够对土方工程的三维算量模型进行校验。
（4）能够运用算量软件完成土方工程清单工程量计算汇总。

【素养目标】

（1）鼓励独立思考，能够发现、提出并解决问题。
（2）培养团队意识，分工协作，提高效率，共同完成任务。

1.2.1 任务分析

土方工程中各分项工程工程量的计算是完成项目造价的基本工作之一，也是造价人员在造价管理工作中应具备的最基本能力。本任务包括以下三方面内容。

（1）理解《规范》中平整场地、挖一般土方、挖沟槽土方、挖基坑土方等项目的工程量计算规则。

（2）根据工程量计算规则计算土方工程工程量。

（3）运用算量软件完成工程量测算工作。

1.2.2 相关知识

1. 土方体积的计算

土方体积应按挖掘前的天然密实度体积计算，非天然密实度土方应按表 1-2-1 进行折算。

表 1-2-1 土方体积折算系数

天然密实度体积	虚方体积	夯实后体积	松填体积
0.77	1.00	0.67	0.83
0.92	1.20	0.80	1.00
1.00	1.30	0.87	1.08
1.15	1.50	1.00	1.25

2. 土壤的分类

土壤的分类应根据表 1-2-2 确定。

表 1-2-2　土壤分类

土壤分类	土壤名称	开挖方法
一、二类土	粉土、砂土（粉砂、细砂、中砂、粗砂、砾砂）、粉质黏土、弱中盐渍土、软土（淤泥质土、泥炭、泥炭质土）、软塑红黏土、充填土	用锹，少许用镐、条锄开挖，机械能全部直接铲挖满载者
三类土	黏土、碎石土（圆砾、角砾）混合土、可塑红黏土、硬塑红黏土、强盐渍土、素填土、压实填土	主要用镐、条锄，少许用锹开挖，机械需部分刨松方能铲挖满载者或可直接铲挖但不能满载者
四类土	碎石土（卵石、碎石、漂石、块石）、坚硬红黏土、超盐渍土、杂填土	全部用镐、条锄挖掘，少许用撬棍挖掘，机械需普遍刨松方能铲挖满载者

注：本表土的名称及其含义按国家标准《岩土工程勘察规范（2009 年版）》（GB 50021—2001）定义。

3. 放坡系数

在土方工程施工中，为了保持土体的稳定，防止土壁塌方，确保施工的安全性，当挖方超过一定深度或填方超过一定高度时，其边沿或侧壁应保留一定角度的斜坡，称为放坡。

土方的放坡坡度用其高度 H 与放坡底宽度 B 之比表示，如图 1.2.1 所示。

$$放坡坡度=\frac{H}{B}=1:k$$

式中　k——放坡系数，$k=\frac{B}{H}=\tan\alpha$。

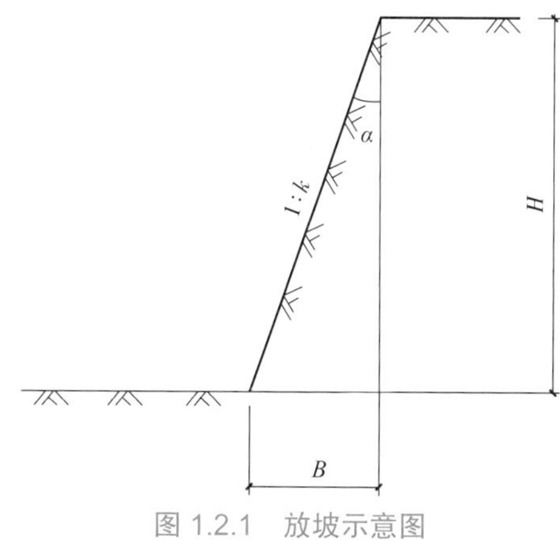

图 1.2.1　放坡示意图

各类土超过表 1-2-3 中的放坡起点高度时才能按表中规定计算放坡工程量，否则不需放坡。

计算放坡时，在交接处的重复工程量不予扣除；原槽、坑做基础垫层时，放坡自垫层的上表面开始计算；冻土不计算放坡。

计算挖沟槽、基坑、一般土方工程量需放坡时，放坡系数按表 1-2-3 取值。

表 1-2-3　放坡系数

土类别	放坡起点高度>（m）	人工挖土	机械挖土		
			在坑内作业	在坑上作业	在沟槽上作业
一、二类土	1.20	1：0.50	1：0.33	1：0.75	1：0.50
三类土	1.50	1：0.33	1：0.25	1：0.67	1：0.33
四类土	2.00	1：0.25	1：0.10	1：0.33	1：0.25

注：（1）沟槽、基坑中土类别不同时，分别按其放坡起点高度、放坡系数，依不同土类别厚度加权平均计算。
（2）计算放坡时，在交接处重复工程量不予扣除，原槽、坑做基础垫层时，放坡自垫层上表面开始计算。

4. 基础施工所需工作面宽度

基础施工所需工作面宽度按表 1-2-4 计算。

表 1-2-4　基础施工所需工作面宽度计算

基础材料	每面增加工作面宽度（mm）
砖基础	200
毛石、方整石基础	250
混凝土基础（支模板）	400
混凝土基础垫层（支模板）	150
基础垂直面做砂浆防潮层	400（自防潮层）
基础垂直面做防水层或防腐层	1 000（自防水层或防腐层）
支挡土板	100（另加）

注：本表按《吉林省建筑工程计价定额》（JLJD-JD—2019）整理。

5. 土方工程量计算公式

（1）挖沟槽。

1）由垫层底开始放坡，如图 1.2.2 所示。

$$V=L\times(a+2c+kH)\times H$$

式中　V——挖沟槽土方工程量；

L——沟槽计算长度；

a——基础或垫层底宽；

c——工作面宽度；

k——放坡系数；

H——挖土深度。

2）无放坡，如图 1.2.3 所示。

$$V=L\times(a+2c)\times H$$

式中　V——挖沟槽土方工程量；

L——沟槽计算长度；

a——基础或垫层底宽；
c——工作面宽度；
H——挖土深度。

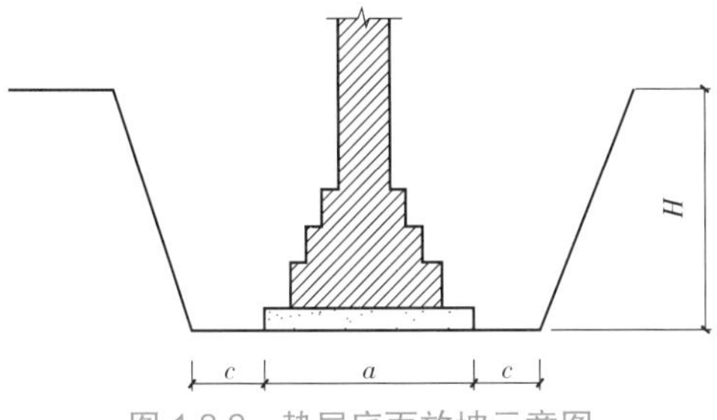

图 1.2.2　垫层底面放坡示意图

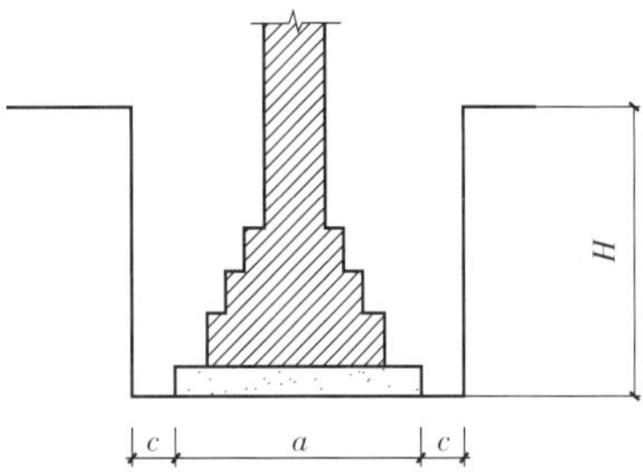

图 1.2.3　垫层底面无放坡示意图

（2）挖基坑，如图 1.2.4 所示。

$$V=(a+2c+kH)\times(b+2c+kH)\times H+\frac{1}{3}k^2H^3$$

式中　V——挖基坑土方工程量；
a——基坑底面宽度；
b——基坑底面长度；
c——工作面宽度；
k——放坡系数；
H——挖土深度。

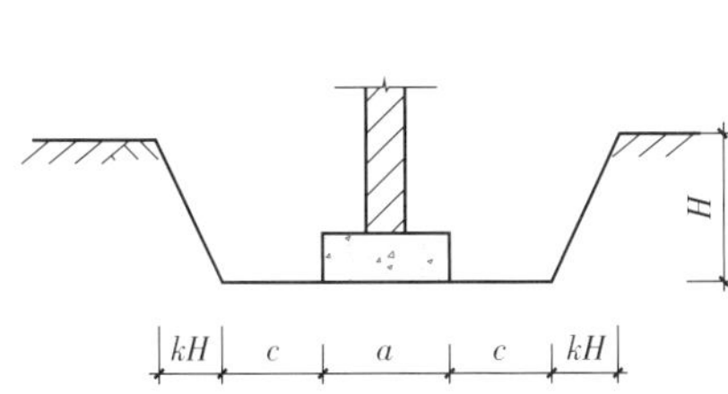

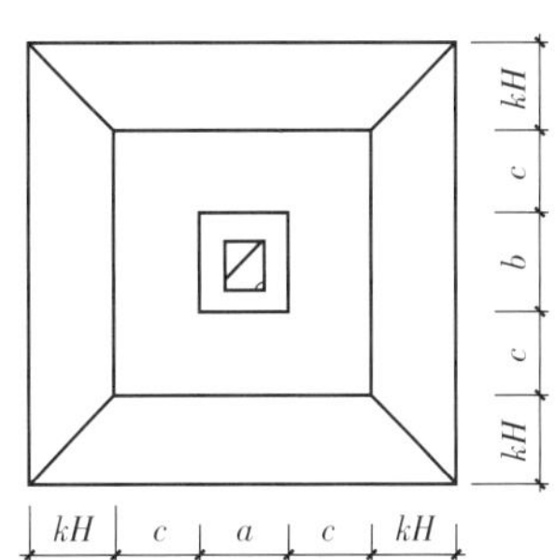

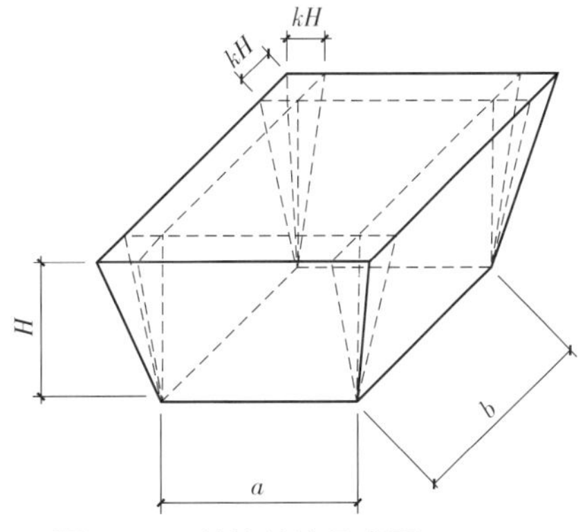

图 1.2.4　基坑放坡示意图

6. 工程量计算规则的应用

(1)基础土方的开挖深度,应按基础(含垫层)底面标高至设计室外地坪标高确定。

(2)土方放坡的起点深度和放坡坡度,按施工组织设计计算;施工组织设计无规定时,按表 1-2-3 计算。

(3)基础土方放坡自基础垫层上表面开始计算。

(4)计算基础土方放坡时,不扣除放坡交接处的重复工程量。

(5)沟槽土方按设计图示沟槽长度乘以沟槽断面面积,以体积计算。外墙沟槽按外墙中心线长度计算;突出墙面的墙垛,按墙垛突出墙面中心线长度,并入相应工程量内计算;内墙沟槽、框架间墙沟槽,按基础(含垫层)之间垫层(或基础底)净长度计算。沟槽的断面面积应包括工作面宽度、放坡宽度的面积。

(6)基坑土方按设计图示基础(含垫层)尺寸,另加工作面宽度、土方放坡宽度乘以开挖深度,以体积计算。

(7)一般土石方按设计图示基础(含垫层)尺寸,另加工作面宽度、土方放坡宽度乘以开挖深度,以体积计算。

(8)平整场地按设计图示尺寸,以建筑物首层建筑面积计算。建筑物地下室结构外边线突出首层结构外边线时,其突出部分的建筑面积合并计算。

(9)基底钎探以垫层(或基础)底面积计算。

(10)原土夯实或碾压按施工组织设计规定的尺寸,以面积计算。

(11)沟槽、基坑回填,以挖方体积减去设计室外地坪以下建筑物、基础(含垫层)的体积计算,如图 1.2.5 所示。

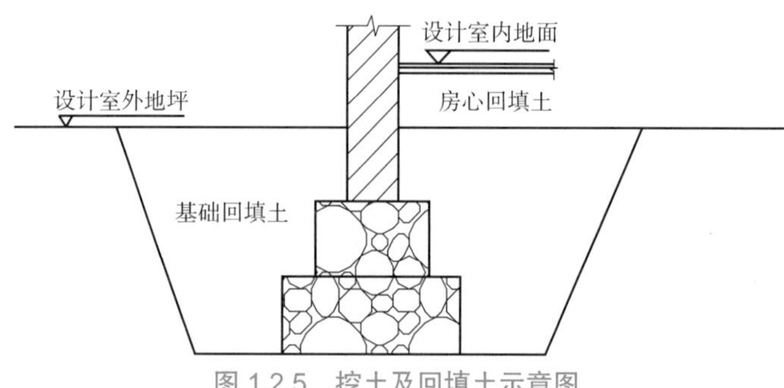

图 1.2.5　挖土及回填土示意图

(12)房心(含地下室内)回填按主墙间净面积(扣除连续底面积 2 m^2 以上的设备基础等的面积)乘以回填厚度,以体积计算。

(13)场区(含地下室顶板以上)回填按回填面积乘以平均回填厚度,以体积计算。

(14)挖土总体积减去回填土(折合天然密实体积),总体积为正,则余土外运;总体积为负,则取土内运。

余土体积=挖土体积-回填土体积 ÷ 夯填系数(0.87)或松填系数(1.08)

例题 1.2.1

某建筑一层平面图如图 1.2.6 所示,计算平整场地工程量。

平整场地 S=(4.5+0.185×2)×(9.0+0.185×2)=45.63(m²)

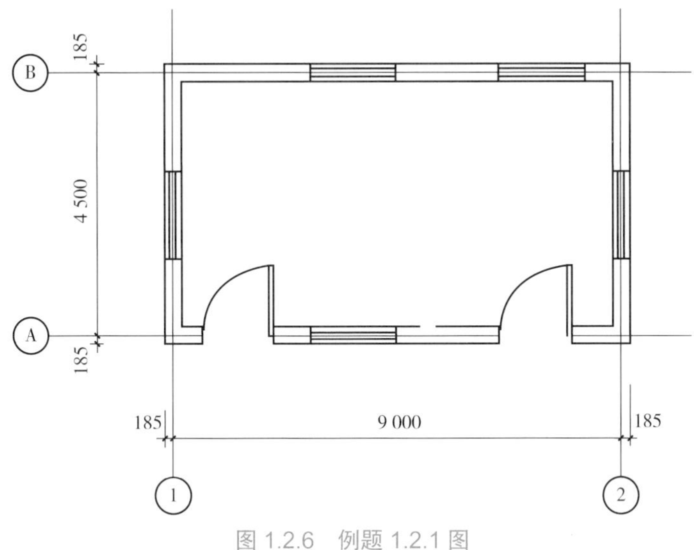

图 1.2.6　例题 1.2.1 图

例题 1.2.2

某建筑物平面图如图 1.2.6 所示，外墙下为条形基础，剖面图如图 1.2.7 所示，地基土为一、二类土，计算挖沟槽土方工程量。

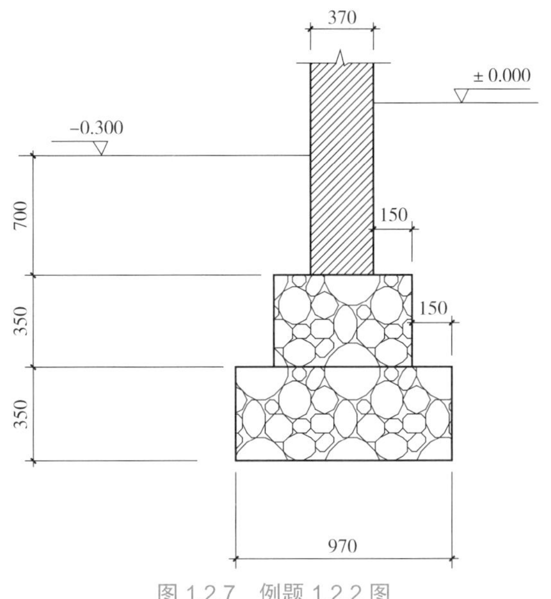

图 1.2.7　例题 1.2.2 图

由图可知，挖土深度为 1.4 m，假设采用人工挖土，查表 1-2-3 可知，一、二类土放坡起点高度为 1.2 m，放坡系数 k=0.5，工作面宽度 c=150 mm，则有

$L_{中}$=(9.0+4.5)×2=27.0(m)

$V=L_{中}(a+2c+kH)\times H$

$=27.0\times(0.97+2\times0.15+0.5\times1.4)\times1.4$

$=74.47(m^3)$

例题 1.2.3

根据例题 1.2.2 的内容，首层地面做法如表 1-2-5 所示。计算基槽回填土、房心回填土及余方弃置的工程量。

表 1-2-5　例题 1.2.3

名称	工程做法
地 1-铺地砖地面	1. 10 mm 厚地砖，稀水泥浆擦缝 2. 30 mm 厚 1∶3 干硬性水泥砂浆黏结层 3. 素水泥浆一道（内掺建筑胶） 4. 60 mm 厚 C15 混凝土 5. 素土夯实，压实系数 0.9

根据题意，挖土体积 $V=74.47\ m^3$

埋设在−0.300 m 以下的基础体积为

毛石基础体积 $V=(0.97\times0.35+0.67\times0.35)\times27.0=15.50(m^3)$

砖基础体积 $V=0.7\times0.37\times27.0=7.00(m^3)$

小计 $V=15.50+7.00=22.50(m^3)$

基础回填土 $V=74.47-22.50=51.97(m^3)$

房心回填土厚度 $h=0.3-0.01-0.03-0.06=0.2(m)$

房心净面积 $S=(9.0-0.37)\times(4.5-0.37)=35.64(m^2)$

房心回填土 $V=Sh=35.64\times0.2=7.13(m^3)$

余方弃置 $V=74.47-51.97-7.13=15.37(m^3)$

1.2.3　任务小结

本任务介绍了平整场地、挖一般土方、挖沟槽土方、挖基坑土方、回填土和余方弃置等土方工程中常见项目的工程量计算方法。要求理解工程量计算规则，学会土方工程工程量的计算，能够计算简单建筑项目的土方工程工程量，并熟练掌握算量软件的操作流程，能够运用算量软件计算土方工程量。

1.2.4　知识拓展

1. 清单工程量和定额工程量

目前，工程造价有两种计价方式，即清单计价和定额计价。清单工程量和定额工程量是这两种计价方式下的工程量表现形式。两者的计算依据不同，清单工程量是根据现行国家工程量计量规范规定的工程量计算规则计算的工程量，是全国统一的；而定额工程量是根据不同地区发布的计价定额工程量计算规则计算的工程量，不同地区的定额计算规则有所区别。

2.《规范》关于工程计量时每一项目汇总的有效位数的规定

（1）以“t”为单位时，应保留小数点后三位数字，第四位小数四舍五入。

（2）以“m”“m^2”“m^3”“kg”为单位时，应保留小数点后两位数字，第三位小数四舍五入。

（3）以“个”“件”“根”“组”“系统”为单位时，应取整数。

3. 工程变更和工程量偏差

（1）工程变更指的是工程实施过程中由发包人提出或由承包人提出经发包人批准的合同工程任何一项工作的增、减、取消或施工工艺、顺序、时间的改变；设计图纸的修改；施工条件的改变；招标工程量清单的错漏引起的合同条件改变或工程量的增减变化。

（2）工程量偏差指的是承包人按照合同工程的图纸实施，按照现行国家工程量计量规范规定的工程量计算规则计算得到的完成合同工程项目应予计量的工程量与相应的招标工程量清单项目列出的工程量之间的量差。

1.2.5　岗课赛证

（1）（单选）某管沟工程，设计管底垫层宽度为2 m，开挖深度为2 m，管径为1.2 m，工作面宽为0.4 m，管道中心线长度为180 m，则管沟土方工程量为（　　）。

A. 432 m^3　　B. 576 m^3　　C. 720 m^3　　D. 1 008 m^3

（2）（多选）根据《房屋建筑与装饰工程工程量计算规范》（GB 50854—2013），关于土方工程量计算与项目列项，下列说法正确的有（　　）。

A. 建筑物场地挖、填高度≤±300 mm的挖土应按挖一般土方项目编码列项计算

B. 平整场地工程量按设计图示尺寸以建筑物首层建筑面积计算

C. 挖一般土方应按设计图示尺寸以挖掘前天然密实体积计算

D. 挖沟槽土方工程量按沟槽设计图示中心线长度计算

E. 挖基坑土方工程量按设计图示尺寸以体积计算

任务1.3　土方工程清单计价

【知识目标】

（1）了解工程造价计价方式。

（2）理解土方工程综合单价构成内容。

(3)学会土方工程工程量清单计价方法。

【能力目标】

(1)能够合理应用土方工程计价定额。
(2)能够对土方工程进行清单计价。
(3)能够运用软件编制土方工程工程量清单计价文件。

【素养目标】

(1)培养积极向上的学习态度和工匠精神。
(2)培养团队意识,分工协作,提高效率,共同完成任务。

1.3.1 任务分析

编制工程量清单计价文件是工程造价从业人员应具备的基本能力。在招投标阶段常需要编制工程量清单、招标控制价、投标报价等。本任务的目标是根据土方工程工程量清单项目的特征和相关施工方法,选用合理的定额项目,并进行清单计价。

1.3.2 相关知识

1. 定额构成

定额是与《规范》配套使用的一种专业工具,它是编制国有资产投资估算、设计概算、施工图预算、招标控制价(标底)、竣工结算,以及调解及处理工程造价纠纷、鉴定及控制工程造价的依据。定额也是投标人确定投标报价的依据,是招标人衡量投标报价合理性的基础。

下面主要以《吉林省建筑工程计价定额》(以下简称《建筑定额》)、《吉林省装饰工程计价定额》(以下简称《装饰定额》)和《吉林省建筑工程费用定额》(以下简称《费用定额》)作为参考加以说明。

以《建筑定额》为例,计价定额由总说明、建筑面积计算规则、目录、各章节说明及工程量计算规则和定额项目构成。

定额项目由定额编号、项目名称、定额基价、工程内容、单位等构成,其中还包括人工、材料、机械的计量单位、单价及消耗量等。定额编号采用"专业类别编码"+"分部工程顺序码"+"分项工程顺序码"的形式,不得简化和修改。当定额发生换算时,定额编号后加上"换"。定额编号含义示意图如图 1.3.1 所示。

例如,定额编号 A1-0220 表示专业类别编码为 A(建筑工程),分部工程顺序码为 1(土石方工程),分项工程顺序码为 0220,项目名称为反铲挖掘机挖土(斗容量为 1.0 m^3),相关限定条件为不装车和一、二类土。

定额编号：	专业类别编码	分部工程顺序码	分项工程顺序码
	A 为建筑专业	1 为土石方工程	
	B 为装饰专业	2 为地基处理工程	
	⋮	3 为桩基工程	
		4 为砌筑工程	

图 1.3.1　定额编号含义示意图

表 1-3-1 为定额项目的节选。

表 1-3-1　定额基价表

工程内容：1. 挖土，将土堆放在一边或装车，清理机下余土。
2. 清理边坡，工作面内人工排水等辅助性工作。
单位：1 000 m^3

定额编号				A1-0220	A1-0221	A1-0222
项目名称				反铲挖掘机挖土（1.0 m^3）		
				不装车		
				一、二类土	三类土	四类土
基价				3 998.89	4 660.93	5 240.95
其中	人工费 材料费 机械费			520.00 — 3 478.89	520.00 — 4 140.93	520.00 — 4 720.95
名称		单位	单价（元）	数量		
人工	综合工日	工日	130.00			
机械	履带式单斗液压挖掘机 1 m^3 履带式推土机 75 kW	台班 台班	1 735.83 1 127.99	1.882 0.188	2.24 0.224	2.554 0.255

表 1-3-1 中：

定额基价=人工费+材料费+机械费

人工费= $\sum$（人工单价 × 数量）

材料费= $\sum$（材料单价 × 数量）

机械费= $\sum$（机械单价 × 数量）

2.《建筑定额》中关于土方工程定额项目划分及应用的常见规定

（1）土方项目划分如下。

平整场地：厚度在 ±30 cm 以内的土方就地挖、填、找平为平整场地。

竖向布置：厚度超过 ±30 cm 的土方挖、填、运、找平为竖向布置。

土方：凡平整场地挖土方厚度在 30 厘米以外，沟槽底宽 3 米以外，基坑底面积 20 平方米以外挖土的为挖土方。

沟槽：凡沟槽底宽在 3 m 以内，且沟槽长大于槽宽 3 倍以上的挖土为挖沟槽。

基坑：凡基坑底面积在 20 m^2 以内的挖土为挖基坑。

（2）竖向布置：挖填土方厚度> ± 30 cm 时，按全部厚度执行一般土方定额，采用人工挖土方时，不再计算平整场地；采用机械挖土方时，仍应计算平整场地。

（3）下列土方工程，执行相应项目时乘以规定的系数。

1）土方项目按干土编制。人工挖、运湿土时，相应项目人工乘以系数 1.18；机械挖、运湿土时，相应项目人工、机械乘以系数 1.15。采取降水措施后，人工挖、运土相应项目乘以系数 1.09，机械挖、运土不再乘以系数。

2）人工挖一般土方、沟槽、基坑深度超过 6 m 时， 6 m<深度≤7 m，按深度≤6 m 相应项目人工乘以系数 1.25； 7 m<深度≤8 m，按深度≤6 m 相应项目人工乘以系数 1.252，以此类推。

（4）房心回填土和基础回填土的划分，室内外高差≤0.6 m 时，以室外地坪标高为界；室内外高差>0.6 m 时，以−0.6 m 为界，以上为房心回填土，以下为基础回填土。

（5）房心回填土套用素土垫层定额，利用原土扣除定额中的黏土。

3. 土方工程定额项目的套用方法

（1）根据设计图纸中土方工程内容选择合理的定额项目，如根据项目划分依据及施工图内容判断土方项目是挖一般土方、挖沟槽还是挖基坑。

（2）结合施工方法和工程内容选择合理的定额项目，如考虑人工挖土还是机械挖土。

（3）根据现场实际情况选择合理的定额项目，如挖土机械的型号、土壤类别等。

例题 1.3.1

实训楼采用框架结构，基础为钢筋混凝土独立基础。根据工程地质勘查报告，地基属于一、二类土，基础埋深为 1.4 m。套用定额的思路，如果现场采用斗容量为 1.0 m^3 的机械进行挖土，可以使用 A1-0220 反铲挖掘机挖土（斗容量 1.0 m^3，一、二类土）。

4. 土方工程中常见的定额项目

表 1-3-2 为土方工程中常见的定额项目。

表 1-3-2　土方工程中常见的定额项目

序号	定额编号	子目名称	工程量		价值（元）		其中（元）	
			单位	数量	单价	合价	人工费	材料费
1	A1-0001	人工挖一般土方　基深≤2 m　一、二类土	m^3		24.11			
2	A1-0002	人工挖一般土方　基深≤4 m　一、二类土	m^3		31.27			
3	A1-0003	人工挖一般土方　基深≤6 m　一、二类土	m^3		45.32			
4	A1-0013	人工挖沟槽土方　槽深≤2 m　一、二类土	m^3		29.01			
5	A1-0014	人工挖沟槽土方　槽深≤4 m　一、二类土	m^3		34.52			
6	A1-0015	人工挖沟槽土方　槽深≤6 m　一、二类土	m^3		48.80			
7	A1-0022	人工挖基坑土方　坑深≤2 m　一、二类土	m^3		34.50			
8	A1-0023	人工挖基坑土方　坑深≤4 m　一、二类土	m^3		44.43			

续表

序号	定额编号	子目名称	工程量		价值(元)		其中(元)	
			单位	数量	单价	合价	人工费	材料费
9	A1-0024	人工挖基坑土方　坑深≤6 m　一、二类土	m^3		52.76			
10	A1-0052	人工装车　土方	m^3		15.10			
11	A1-0220	1.0 m^3 反铲挖掘机挖土　不装车　一、二类土	m^3		4.00			
12	A1-0223	1.0 m^3 反铲挖掘机挖土　装车　一、二类土	m^3		5.04			
13	A1-0252	小型挖掘机挖槽坑土方　一、二类土	m^3		14.03			
14	A1-0270	抓铲挖掘机挖一、二类土　斗容量 1.0 m^3(不装车)　深 6 m 以内	m^3		4.63			
15	A1-0295	装载机装松散土　1 m^3	m^3		2.17			
16	A1-0298	挖掘机装土	m^3		4.70			
17	A1-0315	人工装、机动翻斗车运土方　运距≤1 000 m	m^3		37.88			
18	A1-0316	人工装、机动翻斗车运土方　运距≤3 000 m，每增运 200 m	m^3		2.12			
19	A1-0321	自卸汽车运土方 8 t　运距 1 km 以内	m^3		11.21			
20	A1-0322	自卸汽车运土方 8 t　每增加 1 km	m^3		1.87			
21	A1-0394	人工平整场地	m^2		2.95			
22	A1-0395	机械平整场地　推土机 75 kW	m^2		0.76			
23	A1-0397	坑底钎探	m^2		5.44			
24	A1-0400	人工原土夯实两遍　槽、坑	m^2		1.95			
25	A1-0402	人工松填土　槽、坑	m^3		7.31			

5. 土方工程清单项目综合单价构成

综合单价指的是完成一个规定清单项目所需的人工费、材料费、工程设备费、施工机具使用费、企业管理费、利润以及一定范围内的风险费用。以平整场地这一清单项目为例，根据清单项目特征，结合实际施工方法，合理套用建筑定额项目，组成平整场地项目综合单价，如表 1-3-3 所示。

表 1-3-3　分部分项工程和单价措施项目清单综合单价分析表(平整场地)

分部分项工程和单价措施项目清单综合单价分析表

工程名称：建筑工程

序号	编码	清单/定额名称	单位	数量	综合单价(元)	其中(元)					合价(元)
						人工费	材料费	机械费	管理费	利润	
1	010101001001	平整场地	m^2	45.63	1.03	0.14		0.73	0.14	0.02	47
	A1-0395	机械平整场地，推土机 75 kW	1 000 m^2	0.045 6	1 038.54	136.57		734.8	142.34	24.83	47.36

由表 1-3-3 可知，平整场地综合单价为 1.03 元/m²，其中人工费 0.14 元/m²，材料费 0 元/m²，机械费 0.73 元/m²，管理费 0.14 元/m²，利润 0.02 元/m²；工程量 45.63 m²，清单项目合价 47 元。

1.3.3 任务小结

本任务的主要内容是介绍工程量清单计价的方法，学习根据清单项目的特征完成土方工程工程量清单计价，并理解土方工程综合单价的构成。

1.3.4 知识拓展

1. 建设项目划分

建设项目是一项复杂的系统工程，具有投资大、建设周期长的特点。为了适应工程管理和经济核算的需要，可以将建设项目从整体上划分为单项工程、单位工程、分部工程和分项工程等，如图 1.3.2 所示。

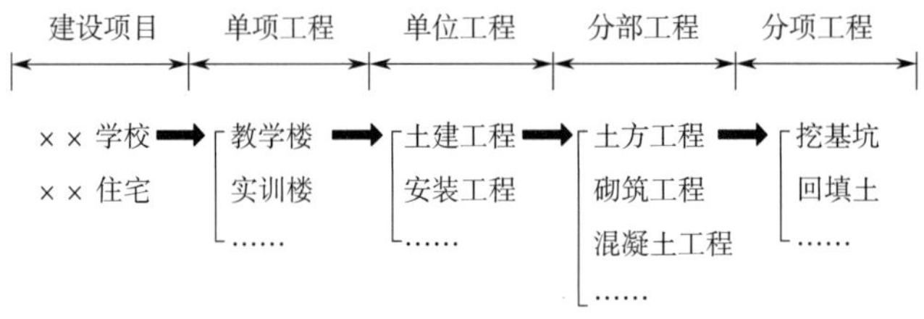

图 1.3.2　建设项目划分示意图

2. 工程造价计价方式

目前，工程造价有两种计价方式，即清单计价和定额计价。

（1）清单计价，也称为工程量清单计价，是根据全国统一的工程量计算规则计算清单工程量，并由投标单位结合自身管理水平自主报价。它是一种市场定价模式，是市场经济的产物。根据《规范》的规定，使用国有资金投资的建设工程发承包必须采用工程量清单计价，这也意味着我国的招投标制度已与国际接轨。

（2）定额计价是一种传统的计价模式，具有政府指令性质。每个地区都有自己的建筑定额，其反映的是该地区的平均水平，但不能准确反映投标单位的实际水平，在当前的造价管理中受到一定的制约，但仍可作为编制材料供应计划、劳动力使用计划、机械台班使用计划、工程成本控制计划和劳务结算等的参考依据。定额的基本内容包括单位工程分项工程的定额编号、工作内容、计算规则、计量单位、基价、人工费、材料费、机械费以及人工、材料、施工机械台班的消耗量和单价。

3. 招标控制价、投标价和竣工结算价

（1）招标控制价是指招标人根据国家或省级、行业建设主管部门颁发的有关计价依据和办法，以及拟定的招标文件和招标工程量清单，结合工程具体情况编制的招标工程的最高投标限价。

（2）投标价是指投标人在响应招标文件要求时所报出的对已标价工程量清单汇总后标明的总价。

（3）竣工结算价是指发承包双方依据国家有关法律、法规和标准规定，按照合同约定确定的价款，包括在履行合同过程中按合同约定进行的合同价款调整。它是指承包人按合同约定完成了全部承包工作后，发包人应付给承包人的合同总金额，其中包括已签约合同价、合同价款调整（包括工程变更、索赔和现场签证）等事项确定的最终工程造价。

4. 单价合同、总价合同和成本加酬金合同

（1）单价合同是指发承包双方约定以工程量清单及其综合单价进行合同价款计算、调整和确认的建设工程施工合同。实行工程量清单计价的工程一般应采用单价合同，即合同中的工程量清单项目综合单价在合同约定的条件内固定不变，超过合同约定条件时，依据合同约定进行调整。工程量清单项目及工程量依据承包人实际完成且应予计量的工程量确定。

（2）总价合同是指发承包双方约定以施工图及其预算和有关条件进行合同价款计算、调整和确认的建设工程施工合同。总价合同以施工图为基础，在工程任务内容明确、发包人的要求条件清楚、计价依据确定的条件下，发承包双方依据承包人编制的施工图预算商谈确定合同价款。当合同约定的工程施工内容和有关条件不发生变化时，发包人付给承包人的合同价款总额保持不变。当合同约定的工程施工内容和有关条件发生变化时，发承包双方根据变化情况和合同约定调整合同价款，但对工程量变化引起的合同价款调整应遵循以下原则。

1）若合同价款是根据承包人自行计算的工程量确定的，除工程变更造成的工程量变化外，合同约定的工程量是承包人完成的最终工程量，发承包双方不能以工程量变化作为合同价款调整的依据。

2）若合同价款是根据承包人提供的工程量清单确定的，发承包双方应根据承包人最终实际完成的工程量（包括工程变更、工程量清单错误或遗漏）调整确定合同价款。

（3）成本加酬金合同是指发承包双方约定以施工工程成本加约定酬金进行合同价款计算、调整和确认的建设工程施工合同。成本加酬金合同使承包人不承担任何价格变化和工程量变化的风险，不利于发包人对工程造价的控制。通常只在以下情况下才选择成本加酬金合同。

1）工程特别复杂，工程技术、结构方案无法预先确定，或者尽管可以确定工程技术和结构方案，但不可能进行竞争性招标活动，并以总价合同或单价合同的形式确定承包人。

2）时间特别紧迫，没有足够的时间进行详细的计划和商谈，如抢险、救灾工程。

成本加酬金合同有多种形式，主要包括成本加固定费用合同、成本加固定比例费用合同和成本加奖金合同。

1.3.5 岗课赛证

(1)(多选)建设工程工程量清单中,项目特征描述的意义有(　　)。

A. 体现对分部分项项目质量的要求

B. 体现履行合同义务的相应要求

C. 为承包人确定综合单价提供依据

D. 对承包人的施工组织管理提出要求

E. 对承包人的施工作业提出具体要求

(2)(多选)下列属于单项工程的有(　　)。

A. 第一中学　　B. 预制构件厂　　C. 实训楼　　D. 办公楼

E. 土建工程

实训 1 （实验楼）土方工程工程量清单计价

班级：　　　　姓名：　　　　　　　组长：　　　　　　　　　　　年　　月　　日

【实训内容】

（1）编制实验楼土方工程工程量清单。
（2）计算实验楼土方工程工程量。
（3）进行实验楼土方工程工程量清单计价。

【实训目标】

（1）学会编制实验楼土方工程工程量清单。
（2）能够使用算量软件计算实验楼土方工程工程量。
（3）学会编制实验楼土方工程工程量清单计价文件。
（4）学会计价软件操作方法，能够按要求导出报表。
（5）使用软件完成实验楼土方工程分部分项工程量清单计价的成果文件，并按要求提交文件。

【课时分配】

____课时。

【工作情境】

小李是某工程造价咨询企业的一名工程师，他所在的团队接到领导分配的实验楼项目，任务是编制土方工程工程量清单并进行清单计价，最后由小李负责此项工作。

【准备工作】

仔细阅读实验楼施工图，完成下列工作。
（1）室内外高差________，基础底面标高________，挖土深度_______。
（2）土质类别为____________。
（3）根据工程分类标准，该工程类别为________工程。
（4）根据《规范》，尝试写出实验楼土方工程的项目名称：________________________、________________________、________________________、________________________。
（5）如何区分挖沟槽土方和挖基坑土方？

【实训流程】

（1）计算土方工程量。

1）挖土深度________m；查表，挖土工作面______mm；采用机械坑上作业挖土，放坡系数为________。

2）运行算量软件，定义构件，绘制图元（点布置、智能布置、镜像、复制等）。

3）计算汇总，查询工程量。

4）工程数量共计______个，土方工程量为__________m^3。

（2）使用相同的方法，完成土方工程的其他构件绘制。

（3）运行算量软件，汇总计算土方工程工程量。

（4）运行计价软件，熟悉软件功能，练习操作方法，编制工程量清单。

1）新建单位工程，选择计价方式为“清单计价”。

2）准确选择清单库和定额库：“13 规范”“19 定额”。

3）工程名称：实验楼。

4）进入分部分项页面，根据《规范》规定，结合施工图内容，查询土方工程相应清单项目名称，编制工程量清单。

5）准确描述清单项目特征，输入工程量。

（5）运行计价软件，依据工程量清单，编制计价文件。根据项目特征，查询定额项目，认真分析定额工程内容，合理套用定额项目，进行清单计价，注意计量单位。

（6）组内讨论交流。组内成员相互讨论交流，核对项目特征的内容、工程量、计量单位、综合单价及合价等，能够发现问题并及时解决。

【实训成果】

（1）完成土方工程清单项目编制、工程量计算以及清单计价。

分部分项工程和单价措施项目清单与计价表

工程名称：

序号	项目编码	项目名称	项目特征描述	计量单位	工程量	金额（元）		
						综合单价	合价	其中
								暂估价

（2）提交工程计量文件，文件名为“班级+姓名+实训 1+计量文件”。

(3)导出土方工程工程量(Excel 形式)并提交,文件名为"班级+姓名+实训 1+工程量"。

(4)提交计价文件,文件名为"班级+姓名+实训 1+计价文件"。

(5)导出分部分项工程和单价措施项目清单综合单价分析表,并提交 Excel 文件,文件名为"班级+姓名+实训 1+分析"。

【个人体会】

通过本实训,我学会了:

(1)

(2)

(3)

【任务评价】

实训效果评价	自评	组评	师评
(1)实训步骤是否清晰(15 分)			
(2)构件基本信息是否准确(15 分)			
(3)图元布置是否准确(15 分)			
(4)是否认真、主动学习(20 分)			
(5)是否有团队意识(20 分)			
(6)是否具有创新精神(15 分)			
小计考核分数(自评 30%、组评 30%、师评 40%)			
综合成绩			

项目 2　砌筑工程计量计价

任务 2.1　砌筑工程工程量清单编制

【知识目标】

（1）理解砌筑工程工程量清单项目设置的依据。
（2）掌握砌筑工程工程量清单的编制方法。

【能力目标】

（1）能够根据《规范》要求和施工图内容设置砌筑工程清单项目名称。
（2）能够准确描述砌筑工程清单项目的特征。
（3）能够运用造价软件编制砌筑工程工程量清单。

【素养目标】

（1）积极参与小组讨论，共同研讨确定砌筑工程清单项目，培养分析问题的能力。
（2）养成良好的学习习惯，培养踏实的工作作风。

2.1.1　任务分析

工程量清单是工程量清单计价的基础，工程量清单的编制是工程造价从业人员应具备的基本能力。本任务主要包括以下三方面内容。

（1）理解砌筑工程工程量清单项目名称设置的依据。
（2）学会砌筑工程工程量清单项目特征描述方法。
（3）能够运用造价软件编制砌筑工程工程量清单。

2.1.2　相关知识

1. 砌筑工程中常见的清单项目

根据《规范》，砌筑工程中常见的清单项目名称如表 2-1-1 所示。在编制工程量清单时，可以根据图纸内容，选择相应的项目编码、项目名称和计量单位，并结合项目特征描述要求准确描述拟编制清单的项目特征。

表 2-1-1　砌筑工程

<table>
<tr><th>项目编码</th><th>项目名称</th><th>项目特征</th><th>计量单位</th><th>工程量计算规则</th><th>工作内容</th></tr>
<tr><td>010401001</td><td>砖基础</td><td>1. 砖品种、规格、强度等级
2. 基础类型
3. 砂浆强度等级
4. 防潮层材料种类</td><td>m^3</td><td>按设计图示尺寸以体积计算
包括附墙垛基础宽出部分的体积，扣除地梁（圈梁）、构造柱所占体积，不扣除基础大放脚 T 形接头处的重叠部分及嵌入基础内的钢筋、铁件、管道、基础砂浆防潮层和单个面积≤0.3 m^2 的孔洞所占体积，靠墙暖气沟的挑檐不增加
基础长度：外墙按外墙中心线计算，内墙按内墙净长线计算</td><td>1. 砂浆制作、运输
2. 砌砖
3. 防潮层铺设
4. 材料运输</td></tr>
<tr><td>010401003</td><td>实心砖墙</td><td rowspan="3">1. 砖品种、规格、强度等级
2. 墙体类型
3. 砂浆强度等级</td><td rowspan="3">m^3</td><td rowspan="4">按设计图示尺寸以体积计算
扣除门窗、洞口、嵌入墙内的钢筋混凝土柱、梁、圈梁、挑梁、过梁及凹进墙内的壁龛、管槽、暖气槽、消火栓箱所占体积，不扣除梁头、板头、檩头、垫木、木楞头、沿缘木、木砖、门窗走头、砖墙内加固钢筋、木筋、铁件、钢管及单个面积≤0.3 m^2 的孔洞所占体积，凸出墙面的腰线、挑檐、压顶、窗台线、虎头砖、门窗套的体积亦不增加，凸出墙面的砖垛并入墙体体积内计算
1. 墙长度：外墙按中心线计算，内墙按净长线计算
2. 墙高度
（1）外墙：斜（坡）屋面无檐口天棚者算至屋面板底；有屋架且室内外均有天棚者算至屋架下弦底另加 200 mm；无天棚者算至屋架下弦底另加 300 mm，出檐宽度超过 600 mm 时按实砌高度计算；与钢筋混凝土楼板隔层者算至板顶，平屋顶算至钢筋混凝土板底
（2）内墙：位于屋架下弦者算至屋架下弦底；无屋架者算至天棚底另加 100 mm；有钢筋混凝土楼板隔层者算至楼板顶；有框架梁时算至梁底
（3）女儿墙：从屋面板上表面算至女儿墙顶面（如有混凝土压顶算至压顶下表面）
（4）内、外山墙：按其平均高度计算
3. 框架间墙：不分内外墙，按墙体净尺寸以体积计算
4. 围墙：高度算至压顶上表面（如有混凝土压顶算至压顶下表面），围墙柱并入围墙体积内</td><td rowspan="3">1. 砂浆制作、运输
2. 砌砖
3. 刮缝
4. 砖压顶砌筑
5. 材料运输</td></tr>
<tr><td>010401004</td><td>多孔砖墙</td></tr>
<tr><td>010401005</td><td>空心砖墙</td></tr>
<tr><td>010402001</td><td>砌块墙</td><td>1. 砌块品种、规格、强度等级
2. 墙体类型
3. 砂浆强度等级</td><td>m^3</td><td>1. 砂浆制作、运输
2. 砌砖、砌块
3. 勾缝
4. 材料运输</td></tr>
</table>

续表

项目编码	项目名称	项目特征	计量单位	工程量计算规则	工作内容
010401012	零星砌砖	1. 零星砌砖名称、部位 2. 砖品种、规格、强度等级 3. 砂浆强度等级、配合比	1. m^3 2. m^2 3. m 4. 个	1. 以立方米计量,按设计图示尺寸截面面积乘以长度计算 2. 以平方米计量,按设计图示尺寸水平投影面积计算 3. 以米计量,按设计图示尺寸长度计算 4. 以个计量,按设计图示数量计算	1. 砂浆制作、运输 2. 砌砖 3. 刮缝 4. 材料运输
010403001	石基础	1. 石料种类、规格 2. 基础类型 3. 砂浆强度等级	m^3	按设计图示尺寸以体积计算; 包括附墙垛基础宽出部分的体积,不扣除基础砂浆防潮层和单个面积≤0.3 m^2 的孔洞所占体积,靠墙暖气沟的挑檐不增加体积 基础长度:外墙按中心线计算,内墙按净长线计算	1. 砂浆制作、运输 2. 吊装 3. 砌石 4. 防潮层铺设 5. 材料运输
010403002	石勒脚	1. 石料种类、规格 2. 基础类型 3. 砂浆强度等级	m^3	按设计图示尺寸以体积计算,扣除单个面积>0.3 m^2 的孔洞所占体积	1. 砂浆制作、运输 2. 吊装 3. 砌石 4. 石表面加工 5. 勾缝 6. 材料运输
010403004	石挡土墙	1. 石料种类、规格 2. 石表面加工要求 3. 勾缝要求 4. 砂浆强度等级、配合比	m^3	按设计图示尺寸以体积计算	1. 砂浆制作、运输 2. 吊装 3. 砌石 4. 变形缝、泄水孔、压顶抹灰 5. 滤水层 6. 勾缝 7. 材料运输

2.《规范》关于砌筑工程清单项目划分的常见规定

(1)“砖基础”项目适用于各种类型的砖基础,如柱基础、墙基础、管道基础。

(2)基础与墙(柱)身使用同一种材料时,以设计室内地面为界(有地下室者,以地下室室内设计地面为界),以下为基础,以上为墙(柱)身,如图 2.1.1(a)所示;基础与墙身使用不同材料时,位于设计室内地面高度≤±300 mm 时,以不同材料为分界线,如图 2.1.1(b)所示;高度>±300 mm 时,以设计室内地面为分界线,以下为基础,以上为墙(柱)身,如图 2.1.1(c)所示。

(3)砖围墙以设计室外地坪为界,以下为基础,以上为墙(柱)身。

(4)台阶、台阶挡墙、池槽、池槽腿、花台、花池、楼梯栏板、阳台栏板应按零星砌砖项目编码列项。

(5)基础与勒脚应以设计室外地坪为界,勒脚与墙身应以设计室内地面为界。

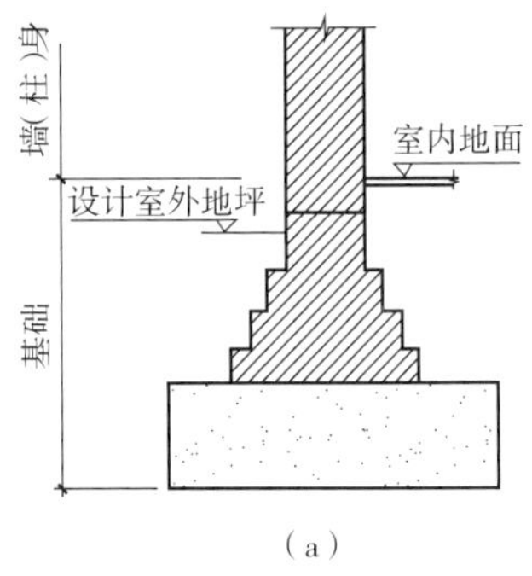

（a）

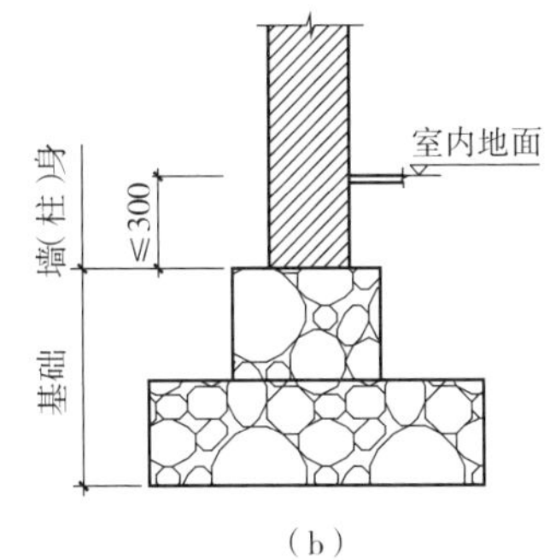

（b）

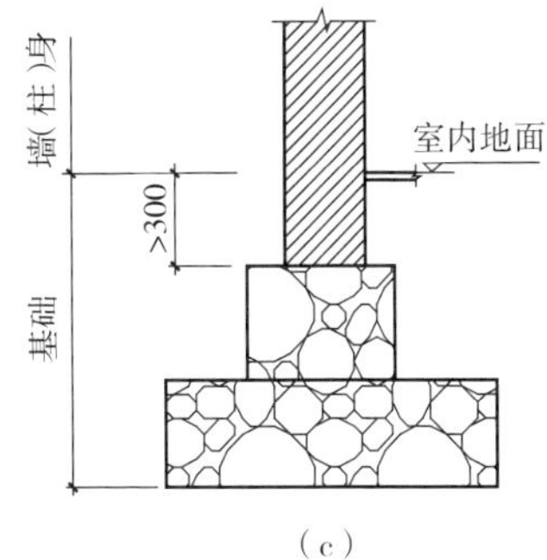

（c）

图 2.1.1　基础和墙(柱)身划分示意图

(6)“石基础”项目适用于各种规格(粗料石、细料石等)、各种材质(砂石、青石、大理石、花岗石等)和各种类型(柱基、墙基、直形、弧形等)基础。

(7)“石挡土墙”项目适用于各种规格(粗料石、细料石、块石、毛石、卵石等)、各种材质(砂石、青石、石灰石等)和各种类型(直形、弧形、台阶等)挡土墙。

例题 2.1.1

某建筑物为框架结构，外墙采用 190 mm 厚 MU5.0 炉渣混凝土空心砌块，Mb5.0 砂浆砌筑，工程量为 15 m^3。局部有少量柱下砖基础，采用 MU7.5 烧结煤矸石普通砖、M10 水泥砂浆砌筑，工程量为 1.5 m^3，砌筑砂浆均采用预拌砂浆。根据以上条件，编制工程量清单如表 2-1-2 所示，依托计价软件确定清单项目为砌块墙和砖基础，并根据题意描述项目特征，填写工程量。

表 2-1-2　例题 2.1.1 表

分部分项工程和单价措施项目清单与计价表

工程名称：建筑工程

序号	项目编码	项目名称	项目特征描述	计量单位	工程量	金额(元)		
						综合单价	合价	其中 暂估价
1	010402001001	砌块墙	1. 砌块品种、规格、强度等级：190 mm 厚炉渣混凝土空心砌块 MU5.0 2. 墙体类型：外墙 3. 砂浆强度等级：Mb5.0(预拌砂浆)	m^3	15			
2	010401001001	砖基础	1. 砖品种、规格、强度等级：MU7.5 烧结煤矸石普通砖 2. 基础类型：柱下独立砖基础 3. 砂浆强度等级：M10(预拌砂浆)	m^3	1.5			

2.1.3 任务小结

本任务的主要目标是理解砌筑工程工程量清单的设置依据，掌握编制砌筑工程工程量清单的方法，学会确定工程量清单项目名称，并准确描述工程量清单的项目特征以及填写工程量，能够使用造价软件完成砌筑工程工程量清单的编制。

2.1.4 知识拓展

垫层项目的项目名称、项目特征和工程量计算规则，如表 2-1-3 所示。

表 2-1-3 垫层项目

项目编码	项目名称	项目特征	计量单位	工程量计算规则	工作内容
010404001	垫层	垫层材料种类、配合比、厚度	m^3	按设计图示尺寸以体积计算	1. 垫层材料的拌制 2. 垫层铺设 3. 材料运输

这里的垫层项目比较特殊，应注意区分。除混凝土垫层外，其他垫层要求的清单项目应按照本垫层项目的编码进行列项，例如灰土垫层，如表 2-1-4 所示。

表 2-1-4 垫层项目计价表

分部分项工程和单价措施项目清单与计价表

工程名称：建筑工程

序号	项目编码	项目名称	项目特征描述	计量单位	工程量	金额（元）		
						综合单价	合价	其中 暂估价
1	010404001001	垫层	垫层材料种类、配合比、厚度：3：7 灰土，150 mm 厚	m^3	1			

2.1.5 岗课赛证

（1）熟悉《规范》中砌筑工程清单项目相关内容，包括项目编码、项目名称、项目特征、计量单位、工程量等。

（2）（多选）根据《规范》，关于砖基础中墙（柱）身与基础的划分，下列说法正确的有（　　）。

A. 基础与墙（柱）身使用同一种材料时，以设计室内地面为界（有地下室时，以地下室

室内地面为界），以下为基础，以上为墙（柱）身

B. 基础与墙（柱）身使用同一种材料时，以设计室内地面为界（有地下室时，以地下室室内地面为界），以上为基础，以下为墙（柱）身

C. 基础与墙身使用不同材料时，位于设计室内地坪高度≤±300 mm 时，以不同材料为分界线；高度>±300 mm 时，以设计室内地面为分界线

D. 基础与墙身使用不同材料时，位于设计室内地坪高度>±300 mm 时，以不同材料为分界线；高度≤±300 mm 时，以设计室内地面为分界线

任务 2.2　砌筑工程工程量计算

【知识目标】

（1）理解砌筑工程工程量计算规则。

（2）掌握砌筑工程工程量计算方法。

【能力目标】

（1）能够运用工程量计算规则计算简单的砌筑工程工程量。

（2）能够完成砌筑工程的数字化建模。

（3）能够对砌筑工程的三维算量模型进行校验。

（4）能够运用算量软件完成砌筑工程清单工程量计算汇总。

【素养目标】

（1）锻炼独立思考，提高运算能力。

（2）培养团队意识，分工协作，提高效率，共同完成任务。

2.2.1　任务分析

砌筑工程是二次结构的重要组成部分，砌筑工程工程量的计算是完成总体工程造价的前提工作，也是造价人员在造价管理工作中应具备的最基本能力。本任务包括以下三方面内容。

（1）领会《规范》中关于基础、实心墙、砌块墙等砌筑工程相关项目的工程量计算规则。

（2）依据工程量计算规则计算砌筑工程工程量。

（3）运用算量软件完成工程量计量工作。

2.2.2 相关知识

1. 砌体厚度的规定

（1）标准砖尺寸为 240 mm × 115 mm × 53 mm。

（2）标准砖墙厚度按表 2-2-1 计算。

表 2-2-1 标准砖墙计算厚度

砖数（厚度）	1/4	1/2	3/4	1	1.5	2
计算厚度（mm）	53	115	180	240	365	490

2. 工程量计算规则的应用

（1）砖基础按设计图示尺寸以体积计算。

1）附墙垛基础宽出部分体积按折加长度合并计算，扣除地梁（圈梁）、构造柱所占体积，不扣除基础大放脚 T 形接头处的重叠部分及嵌入基础内的钢筋、铁件、管道、基础砂浆防潮层和单个面积≤0.3 m² 的孔洞所占体积，靠墙暖气沟的挑檐不增加。

2）基础长度：外墙按外墙中心线计算，内墙按内墙净长线计算。

例题 2.2.1

某砖混结构房屋，条形基础平面布置图及剖面图如图 2.2.1 所示，试计算基础工程量。

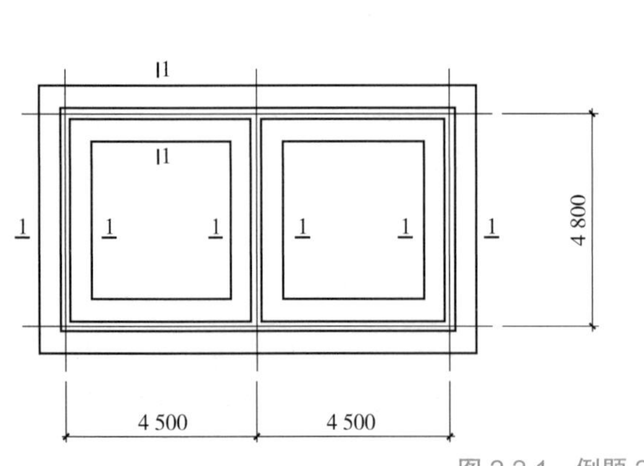

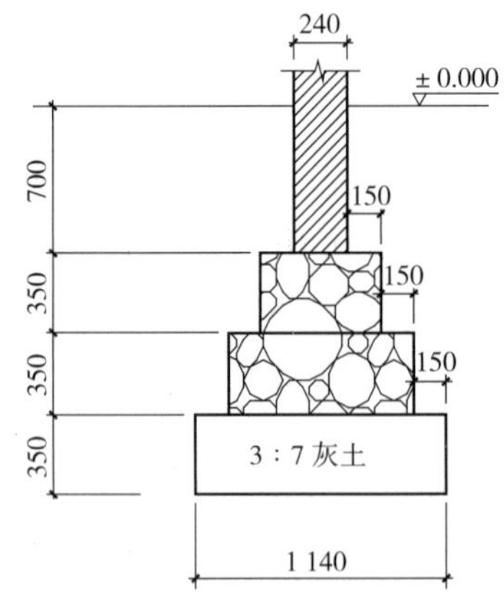

图 2.2.1 例题 2.2.1 图

3∶7 灰土垫层工程量计算如下：

$L_{外}$=（4.5+4.5+4.8）× 2=27.6（m）

V_{1-1}=1.14 × 0.35 × 27.6=11.01（m³）

$L_{内}$=4.8−1.14=3.66（m）

V_{2-2}=1.14×0.35×3.66=1.46(m^3)

$V=V_{1-1}+V_{2-2}$=11.01+1.46=12.47(m^3)

毛石基础工程量计算如下：

$L_{外}$=(4.5+4.5+4.8)×2=27.6(m)

V_{1-1}=[(1.14−0.15×2)×0.35+(1.14−0.15×4)×0.35]×27.6=13.33(m^3)

$L_{内1}$=4.8−(1.14−0.15×2)=3.96(m)

$L_{内2}$=4.8−(1.14−0.15×4)=4.26(m)

V_{2-2}=(1.14−0.15×2)×0.35×3.96+(1.14−0.15×4)×0.35×4.26=1.97(m^3)

$V=V_{1-1}+V_{2-2}$=13.33+1.97=15.3(m^3)

砖基础工程量计算如下：

$L_{外}$=(4.5+4.5+4.8)×2=27.6(m)

$V_{外}$=0.24×0.7×27.6=4.64(m^3)

$L_{内}$=4.8−0.24=4.56(m)

$V_{内}$=0.24×0.7×4.56=0.77(m^3)

$V=V_{外}+V_{内}$=4.64+0.77=5.41(m^3)

(2)砖墙、砌块墙按设计图示尺寸以体积计算。

1)扣除门窗、洞口、嵌入墙内的钢筋混凝土柱、梁、圈梁、挑梁、过梁及凹进墙内的壁龛、管槽、暖气槽、消火栓箱所占体积，不扣除梁头、板头、檩头、垫木、木楞头、沿缘木、木砖、门窗走头、砖墙内加固钢筋、木筋、铁件、钢管及单个面积≤0.3 m^2 的孔洞所占体积，凸出墙面的腰线、挑檐、压顶、窗台线、虎头砖、门窗套的体积亦不增加，凸出墙面的砖垛并入墙体体积内计算。

2)墙长度：外墙按中心线计算，内墙按净长线计算。

3)墙高度。

①外墙：斜(坡)屋面无檐口天棚者算至屋面板底；有屋架且室内外均有天棚者算至屋架下弦底另加 200 mm；无天棚者算至屋架下弦底另加 300 mm，出檐宽度超过 600 mm 时按实砌高度计算；与钢筋混凝土楼板隔层者算至板顶，平屋顶算至钢筋混凝土板底。

②内墙：位于屋架下弦者算至屋架下弦底；无屋架者算至天棚底另加 100 mm；有钢筋混凝土楼板隔层者算至楼板顶；有框架梁时算至梁底。

③女儿墙：从屋面板上表面算至女儿墙顶面(如有混凝土压顶算至压顶下表面)。

④内、外山墙：按其平均高度计算。

4)框架间墙：不分内外墙，按墙体净尺寸以体积计算。

5)围墙：高度算至压顶上表面(如有混凝土压顶算至压顶下表面)，围墙柱并入围墙体积内。

(3)零星砌体、地沟、砖过梁按设计图示尺寸以体积计算。

(4)砖散水、地坪按设计图示尺寸以面积计算。

(5)石基础、石墙的工程量参照砖砌体相应规定。石勒脚、石挡土墙、石护坡、石台阶按设计图示尺寸以体积计算。石坡道按设计图示尺寸以水平投影面积计算，墙面勾缝按设计图示尺寸以面积计算。

(6)垫层工程量按图示尺寸以体积计算。

例题 2.2.2

某建筑物一层局部平面布置如图 2.2.2 所示，框架结构，墙体高度均为 3.2 m。门过梁截面尺寸为墙厚 ×180 mm。外墙均为 300 mm 厚混凝土空心砌块墙，内墙为煤矸石空心砖，200 mm 厚。试计算该层墙砌体工程量。

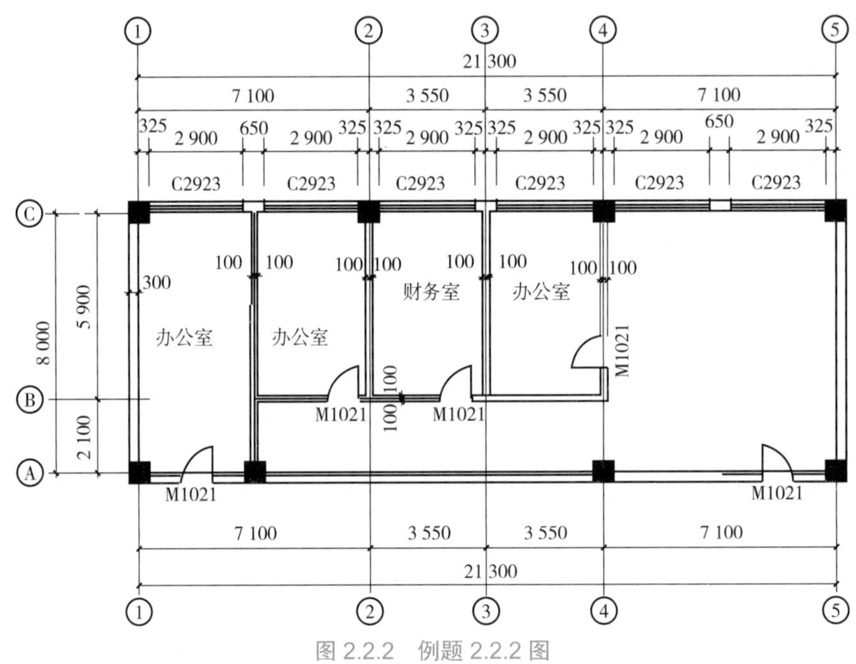

图 2.2.2　例题 2.2.2 图

外墙工程量计算如下：

L=(21.3−0.65×3)×2+(8.0−0.65)×2=53.4(m)

V=0.3×3.2×53.4=51.26(m^3)

扣窗：2.9×2.3×0.3×6=12.01(m^3)

扣门：0.3×1.0×2.1×2=1.26(m^3)

扣门过梁：(1.0+0.25×2)×0.3×0.18×2=0.16(m^3)

$V_{外}$=51.26−12.01−1.26−0.16=37.83(m^3)

内墙工程量计算如下：

$L_{纵墙}$=3.55×3−0.1+0.1=10.65 m

$L_{横墙}$=(8.0+0.325×2−0.65−0.3)+(5.9+0.325−0.65−0.1)×2+(5.9+0.325−0.3−0.1)

=7.7+5.475×2+5.825

=24.48(m^3)

V=0.2×3.2×(10.65+24.48)=22.48(m^3)

扣门：0.2×1.0×2.1×3=1.26(m^3)

扣门过梁：(1.0+0.25 × 2) × 0.2 × 0.18 × 3=0.16(m^3)

$V_{内}$ =22.48−1.26−0.16=21.06(m^3)

2.2.3　任务小结

本任务介绍了砖基础、砖墙、砌块墙等砌筑工程项目的计算方法。要求理解工程量计算规则，学会砌筑工程工程量的计算，能够计算简单建筑项目的砌筑工程工程量，并熟练操作相关软件，能够使用软件计算墙砌体工程量。

2.2.4　知识拓展

砖散水、地坪相关内容如表 2-2-2 所示。

表 2-2-2　砖散水、地坪

项目编码	项目名称	项目特征	计量单位	工程量计算规则	工作内容
010401013	砖散水、地坪	1. 砖品种、规格、强度等级 2. 垫层材料种类、厚度 3. 散水、地坪厚度 4. 面层种类、厚度 5. 砂浆强度等级	m^2	按设计图示尺寸以面积计算	1. 土方挖、运、填 2. 地基找平、夯实 3. 铺设垫层 4. 砌砖散水、地坪 5. 抹砂浆面层

2.2.5　岗课赛证

(1)(多选)根据《规范》，下列砌块墙外墙高度计算方法正确的是(　　)。

A. 外墙：斜坡屋面有屋架且室内外均有天棚者算至屋架下弦底另加 200 mm，无天棚者算至屋架下弦底另加 300 mm

B. 内墙：位于屋架下弦者算至屋架下弦底，无屋架者算至天棚底另加 100 mm，有钢筋混凝土楼板隔层者算至楼板顶，有框架梁算至梁底

C. 内外山墙：按其平均高度计算

D. 女儿墙：从屋面板上表面算至女儿墙顶面(如有混凝土压顶，算至压顶下表面)

(2)(单选)根据《规范》，下列关于砖砌体工程量计算的说法，正确的是(　　)。

A. 空斗墙按设计图示尺寸以空斗墙外形体积计算，其中门窗洞口立边的实砌部分不计入

B. 空花墙按设计尺寸以墙体外形体积计算，其中孔洞部分体积应予以扣除

C. 实心砖柱按设计图示尺寸以体积计算，其中钢筋混凝土梁垫、梁头、板头所占体积应予以扣除

D. 实心砖围墙按中心线长度乘以高以面积计算

任务 2.3　砌筑工程清单计价

【知识目标】

（1）理解砌筑工程清单综合单价构成内容。
（2）学会砌筑工程工程量清单计价方法。

【能力目标】

（1）能够合理应用砌筑工程计价定额。
（2）能够对砌筑工程进行清单计价。
（3）能够运用软件编制砌筑工程工程量清单计价文件。

【素养目标】

（1）培养积极向上的学习态度和工匠精神。
（2）培养团队意识，分工协作，提高效率，共同完成任务。

2.3.1　任务分析

编制工程清单计价文件是工程造价从业人员应具备的基本能力。在招投标阶段常有编制工程量清单、招标控制价、投标报价等具体应用。本任务是根据砌筑工程工程量清单项目的特征及相关施工方法套用定额项目进行清单计价。

2.3.2　相关知识

1.《建筑定额》中关于砌筑工程定额项目划分及应用的常见规定

（1）定额中的砖、砌块和石料按标准或常用规格编制，设计规格与定额不同时，砌体材料和砌筑（黏结）材料用量允许换算，砌筑砂浆按干混预拌砌筑砂浆编制。定额所列砌筑砂浆种类和强度等级、砌块专用砌筑黏结剂品种，如设计与定额不同，允许调整。

（2）定额中的墙体砌筑层高度按 2.8~3.6 m 编制，如超过 3.6 m，其超过部分定额人工用量乘以系数 1.3。

（3）砖基础不分砌筑宽度是否有大放脚，均执行对应品种及规格砖的同一项目；地下混凝土构件所用砖模及砖砌挡土墙套用砖基础项目。

（4）砖砌体和砌块砌体不分内、外墙，均执行对应品种的砖和砌块项目，其中：

1）定额中均已包括立门窗框的调直以及腰线、窗台线、挑檐等一般出线用工；

2）清水砖砌体均包括原浆勾缝用工，设计需加浆勾缝时，按设计增加材料用量；

3）轻集料混凝土小型空心砌块墙的门窗洞口等镶砌的同类实心砖部分已包含在定额内。

（5）零星砌体是指台阶挡墙、梯带、锅台、灶台、蹲台、池槽、池槽腿、花台、花池、楼梯栏板、阳台栏板、地垄墙、≤0.3 m^2 的孔洞填塞、突出屋面的烟囱、屋面伸缩缝砌体、隔热板砖墩等。

（6）贴砌砖项目适用于地下室外墙保护墙部位的贴砌砖，框架外表面的镶贴砖部分套用零星砌体项目。

（7）多孔砖、空心砖及砌块砌筑有防水、防潮要求的墙体，若以普通（实心）砖作为导墙砌筑，导墙与上部墙身主体需分别计算，导墙部分套用零星砌体项目。

（8）定额中各类砖、砌块及石砌体的砌筑均按直形砌筑编制，如为圆弧形砌筑者，按相应定额人工用量乘以系数 1.10，砖、砌块、石砌体及砂浆（黏结剂）用量乘以系数 1.03 计算。

2. 砌筑工程定额项目的套用方法

当施工图的设计要求与计价定额项目内容一致时，可以直接套用计价定额。一般情况下，大多数项目可以直接套用计价定额。套用计额定额一般遵循以下三个原则。

（1）根据设计图纸的相关内容选择合理的定额项目。以砌筑工程为例，根据施工图确定砌筑工程部位，初步确定项目名称，如是基础还是墙体，是内墙还是外墙。

（2）根据墙体材料选择合理的定额项目，如是砖砌体、砌块砌体还是石砌体等。

（3）根据工程内容、施工做法等选择合理的定额项目，如根据墙厚、砌筑砂浆种类和强度等级等因素确定具体的定额项目。

3. 砌筑工程中常见的定额项目

表 2-3-1 为砌筑工程中常见的定额项目。

表 2-3-1　砌筑工程中常见的定额项目

序号	定额编号	子目名称	工程量		价值（元）		其中（元）	
			单位	数量	单价	合价	人工费	材料费
1	A4-0001	砌筑砖基础	m^3		327.81			
2	A4-0014	砌筑多孔砖墙　1 砖	m^3		302.02			
3	A4-0015	砌筑多孔砖墙　1 砖半	m^3		294.52			
4	A4-0016	砌筑多孔砖墙　2 砖及 2 砖以上	m^3		294.46			
5	A4-0018	砌筑空心砖墙　1 砖	m^3		304.40			
6	A4-0019	砌筑空心砖墙　1 砖半	m^3		291.94			
7	A4-0020	砌筑空心砖墙　2 砖及 2 砖以上	m^3		291.84			
8	A4-0038	砌筑零星砌体　普通砖	m^3		425.55			
9	A4-0041	砌筑砖地沟	m^3		293.12			

续表

序号	定额编号	子目名称	工程量		价值(元)		其中(元)	
			单位	数量	单价	合价	人工费	材料费
10	A4-0083	砌筑轻集料混凝土小型空心砌块墙 墙厚 240 mm	m³		300.82			
11	A4-0084	砌筑轻集料混凝土小型空心砌块墙 墙厚 190 mm	m³		309.08			
12	A4-0085	砌筑轻集料混凝土小型空心砌块墙 墙厚 90(100)mm	m³		310.60			
13	A4-0086	砌筑烧结空心砌块墙 墙厚 240 mm	m³		275.25			
14	A4-0087	砌筑烧结空心砌块墙 墙厚 190 mm	m³		283.37			
15	A4-0088	砌筑烧结空心砌块墙 墙厚 90(100)mm	m³		286.51			
16	A4-0089	砌筑加气混凝土砌块墙 墙厚 ≤150 mm 砂浆	m³		318.75			
17	A4-0090	砌筑加气混凝土砌块墙 墙厚 ≤150 mm 黏结剂	m³		332.67			
18	A4-0137	垫层 灰土	m³		148.93			
19	A4-0141	垫层 砂石 人工级配	m³		234.64			
20	A4-0142	垫层 砂石 天然级配	m³		187.20			
21	A4-0143	垫层 毛石 干铺	m³		214.81			
22	A4-0144	垫层 毛石 灌浆	m³		264.85			
23	A4-0147	垫层 碎石 干铺	m³		186.05			
24	A4-0148	垫层 碎石 灌浆	m³		210.12			
25	A4-0152	垫层 炉(矿)渣 混凝土	m³		223.13			

4. 砌筑工程清单项目综合单价构成

根据工程量清单项目的特征，选择合理的定额项目进行综合单价组价。以例题 2.1.1 为例，对于砖基础和砌块墙清单项目，根据项目特征，使用计价软件进行组价(采用招标模板，按照软件的默认设置进行费用计算，暂不进行调整)。分部分项工程和单价措施项目清单综合单价分析表如表 2-3-2 所示。

表 2-3-2 分部分项工程和单价措施项目清单综合单价分析表

分部分项工程和单价措施项目清单综合单价分析表											
工程名称:建筑工程										第 1 页 共 9 页	
序号	项目编码	清单/定额名称	单位	数量	综合单价(元)	其中(元)					合价(元)
						人工费	材料费	机械费	管理费	利润	
1	010402001001	砌块墙	m^3	15	430.48	123.97	253.99	3.89	23.84	24.79	6 457.2
	A4-0084 换	砌筑轻集料混凝土小型空心砌块墙,墙厚 190 mm 换为“预拌砌筑砂浆(干拌)DMM5”	10 m^3	1.5	4 304.8	1 239.68	2 539.87	38.93	238.38	247.94	6 457.2
2	010401001001	砖基础	m^3	1.5	474.55	127.84	287.34	8.49	25.31	25.57	711.83
	A4-0001	砌筑砖基础	10 m^3	0.15	4 745.47	1 278.42	2 873.37	84.92	253.08	255.68	711.82

由表 2-3-2 可知,砌块墙综合单价为 430.48 元/m^3,其中人工费 123.97 元/m^3,材料费 253.99 元/m^3,机械费 3.89 元/m^3,管理费 23.84 元/m^3,利润 24.79 元/m^3,清单工程量为 15 m^3,清单项目合价 6 457.2 元;砖基础综合单价为 474.55 元/m^3,其中人工费 127.84 元/m^3,材料费 287.34 元/m^3,机械费 8.49 元/m^3,管理费 25.31 元/m^3,利润 25.57 元/m^3,清单工程量为 1.5 m^3,清单项目合价 711.83 元。

2.3.3 任务小结

本任务的主要内容是介绍砌筑工程工程量清单计价的方法,根据清单项目的特征,应用计价定额进行定额换算,并完成砌筑工程工程量清单的计价,理解砌筑工程综合单价的构成。

2.3.4 知识拓展

1. 建筑工程定额

建筑工程定额是指在正常生产条件下,为完成单位合格建筑产品所消耗的人工、材料、机械设备台班和管理费用的数量标准。建筑工程定额是确定建筑产品价格和计算工料消耗数量的基础,也是基本建设投资和建筑企业生产管理的重要工具。

2. 建筑工程定额的分类

(1)根据标准定额所反映的生产要素消耗内容,建筑工程定额可分为劳动消耗定额、机械消耗定额和材料消耗定额。

1)劳动消耗定额包括时间定额和产量定额两种表现形式。时间定额是指在正常施工条件下规定完成单位合格产品所需的劳动时间消耗量的标准,以“工日”为单位,每一工日工作时间按照 8 小时计算。产量定额是指在正常施工条件下规定在单位时间内完成合格产品的数量,单位可以是 m^3/工日、m^2/工日、m/工日等。时间定额和产量定额互为倒数关系。

2)机械消耗定额包括机械的时间定额和机械的产量定额两种表现形式。机械的时间定额是指在正常施工条件下,某种机械生产单位合格产品所消耗的数量,以“台班”为单位,即一台机械工作 8 小时为一个台班。机械的产量定额是指某种机械在正常施工条件下,单位时间内完成合格产品的数量,单位可以是 m^3/台班、m^2/台班、m/台班等。机械的时间定额和机械的产量定额互为倒数关系。

3)材料消耗定额是指在节约和合理使用材料的条件下,生产单位合格产品所需消耗的一定品种、一定规格的建筑材料的数量标准。材料消耗定额的消耗量由材料消耗的净用量和材料消耗的损耗量组成。净用量是指直接用于建筑产品的材料,损耗量是指在施工过程中不可避免的废料和损耗。它们之间的关系为

材料总消耗量 = 材料净用量 + 材料损耗量

(2)根据用途的不同,建筑工程定额可分为施工定额、预算定额、概算定额、工期定额等。

1)施工定额是企业内部使用的定额,是指在正常的施工条件下,以施工过程为标定对象,规定完成一定计量单位的合格建筑产品所必须消耗的人工、材料和机械的数量标准。施工定额的水平应遵循平均先进水平的原则。

2)预算定额是指在正常的施工条件下,完成单位的合格建筑产品所需的人工、材料和机械的数量标准。预算定额的编制应贯彻平均水平的原则。

3)概算定额是在预算定额的基础上,根据具有代表性的通用设计图和标准图等资料,以主要工序为准,综合相关工序进行综合、扩大和合并而成的定额。概算定额主要用于编制设计概算。

4)工期定额是根据国家建筑工程质量检验评定标准、施工及验收规范等相关规定,结合各施工条件,本着平均和经济合理的原则制定的。工期定额是编制施工组织设计、安排施工计划和考核施工工期的依据,也是编制招标标底、投标标书和签订建筑工程合同的重要依据。

(3)按照适用范围的不同,建筑工程定额可分为全国通用定额、行业通用定额和专业通用定额。

(4)按照编制单位的不同,建筑工程定额可分为全国统一定额、地区定额、企业定额。企业定额专指施工企业定额,是施工企业根据自身拥有的施工技术、机械装备和管理水平编制的完成一个工程清单项目所需的人工、材料、机械台班等的消耗标准,是施工企业投标报价的依据之一。

(5)按照专业分类,建筑工程定额可分为建筑工程定额、装饰工程定额、安装工程定额等。

3. 定额的使用方法

定额的使用方法即为定额的套用。首先,根据项目实际情况确定项目名称及定额编号,

包括对应章节内容和工程内容等信息。其次，根据定额编号查询项目的定额基价，包括人工费、材料费、机械费以及它们的消耗量。

一般情况下，定额可以直接套用。以《建筑定额》为例，假设某工程需要进行局部内墙的施工，且使用砖基础，设计采用烧结煤矸石普通砖，规格为 240 mm × 115 mm × 53 mm，采用 M10 砌筑砂浆砌筑。查询《建筑定额》后，可以套用编号为 A4-0001 的定额项目。定额的构成如表 2-3-3 所示。

表 2-3-3　定额构成

砖基础				
工程内容：清理基槽坑，调、运、铺砂浆，运、砌砖。				单位：10 m³
定额编号				A4-0001
项目名称				砌筑砖基础
基价				4 088.47
其中	人工费			1 278.42
	材料费			2 736.53
	机械费			73.52
名称		单位	单价（元）	数量
人工	综合工日	工日	130.00	9.834
材料	烧结煤矸石普通砖 240 mm × 115 mm × 53 mm	千块	290.00	5.262
	干混砌筑砂浆 M10	t	330.00	3.599
	水	m³	12.93	1.770
机械	干混砂浆罐式搅拌机	台班	306.35	0.240

由表 2-3-3 可知，项目名称为砌筑砖基础，定额编号为 A4-0001，定额基价为 4 088.47 元/10 m³，其中人工费 1 278.42 元/10 m³、材料费 2 736.53 元/10 m³、机械费 73.52 元/10 m³；人工消耗量 9.834 工日/10 m³，材料消耗量分别为烧结煤矸石普通砖 5.262 千块/10 m³、干混砌筑砂浆 3.599 t/10 m³，水 1.77 m³/10 m³；人工定额单价 130 元/工日，烧结煤矸石普通砖定额单价 290 元/千块，干混砌筑砂浆定额单价 330 元/t。

4. 定额的换算

定额的换算指的是根据定额的规定，对定额中列出的人工、材料、机械台班进行调整，以适应与施工图不完全一致的情况，从而改变原定额项目的预算价格，使其符合实际情况。定额的换算必须遵循以下三个原则。

（1）设计和施工要求与定额内容不符。

（2）定额允许进行换算的项目。

（3）按照定额规定的方法进行换算。

2.3.5 岗课赛证

（1）熟悉《建筑定额》中砌筑工程定额项目的构成内容，包括定额编号、项目名称、定额计价、人材机组成等。

（2）熟练运用软件进行定额的换算操作。

实训 2 （实验楼）砌筑工程工程量清单计价

班级：　　　　姓名：　　　　　组长：　　　　　　　　　　年　　月　　日

【实训内容】

（1）实验楼砌筑工程的工程量清单编制。
（2）实验楼砌筑工程的工程量计算。
（3）实验楼砌筑工程的工程量清单计价。

【实训目标】

（1）学会编制实验楼砌筑工程的工程量清单。
（2）能够熟练运用算量软件进行实验楼砌筑工程的工程量计算。
（3）学会编制实验楼砌筑工程的工程量清单计价文件。
（4）学会计价软件的操作方法，能够按要求导出报表。
（5）使用软件完成实验楼砌筑工程分部分项工程量清单计价的成果文件，并按要求提交文件。

【课时分配】

____课时。

【工作情境】

小李是某开发公司的一名工程师，项目组接到了一个新任务，需要复核咨询公司提交的实验楼工程量清单及控制价。小李负责砌筑工程部分，需要核对工程量清单及清单计价。

【准备工作】

仔细阅读实验楼施工图，完成以下工作。
（1）一层外墙的墙厚为____mm，墙体材料为________，砌筑砂浆强度等级为________。
（2）内墙有几种类型，分别写出墙厚和墙体材料：________、________。
（3）根据《规范》，尝试写出实验楼砌筑工程的清单项目名称：____________。
（4）熟悉《建筑定额》构成内容，选择一个砌筑工程中的定额项目，明确其中的构成内容，包括定额编号____________，项目名称____________，定额计量单位________，定额基价____________，其中人工费________、材料费________、机械费________。

【实训流程】

（1）一层外墙工程量。

1）轴墙体厚度为______mm，墙高为______m，墙长为______m，门窗占墙体______m^3，则砌体工程量 V=______m^3。

2）运行算量软件，定义墙构件，绘制图元（包括直线布置、对齐、镜像、复制等）。

3）计算汇总，查询工程量。

4）一层外墙工程量为______m^3。

（2）使用相同的方法，运用算量软件完成实验楼砌体工程其他楼层的绘制。

（3）完成砌体工程量的汇总计算。

（4）运行计价软件，熟悉软件界面，练习操作方法。

（5）进入分部分项页面，根据《规范》规定，结合实验楼施工图内容，查询砌筑工程相应清单项目名称，编制工程量清单。

（6）根据图纸内容，准确描述每个清单项目的特征，输入工程量。

（7）根据项目特征，查询定额项目，认真分析定额工程内容，合理选择定额编号，进行清单计价，注意计量单位。

（8）当墙体材料或砂浆强度等级不同时，注意进行换算。

（9）组内成员进行讨论交流，互相检查，核对项目特征描述、工程量、综合单价及合价等，能够发现问题并及时解决。

【实训成果】

（1）完成砌筑工程清单项目编制、工程量计算以及清单计价。

分部分项工程和单价措施项目清单与计价表

工程名称：

序号	项目编码	项目名称	项目特征描述	计量单位	工程量	金额（元）		
						综合单价	合价	其中
								暂估价

（2）提交工程计量文件，文件名为“班级+姓名+实训 2+计量文件”。

（3）导出砌筑工程工程量（Excel 形式）并提交，文件名为“班级+姓名+实训 2+工程量”。

（4）提交计价文件，文件名为“班级+姓名+实训 2+计价文件”。

（5）导出分部分项工程和单价措施项目清单综合单价分析表，并以 Excel 文件形式提交，文件名为“班级+姓名+实训 2+分析表”。

【个人体会】

通过本实训，我学会了：

（1）

（2）

（3）

【任务评价】

实训效果评价	自评	组评	师评
（1）实训步骤是否清晰（15 分）			
（2）构件基本信息是否准确（15 分）			
（3）图元布置是否准确（15 分）			
（4）是否认真、主动学习（20 分）			
（5）是否有团队意识（20 分）			
（6）是否具有创新精神（15 分）			
小计考核分数（自评 30%、组评 30%、师评 40%）			
综合成绩			

项目 3　混凝土及钢筋混凝土工程计量计价

任务 3.1　混凝土及钢筋混凝土工程工程量清单编制

【知识目标】

（1）理解混凝土及钢筋混凝土工程工程量清单项目设置依据。
（2）掌握混凝土及钢筋混凝土工程工程量清单编制方法。

【能力目标】

（1）能够根据《规范》要求和施工图内容设置混凝土及钢筋混凝土工程清单项目名称。
（2）能够准确描述混凝土及钢筋混凝土工程清单项目特征。
（3）能够使用造价软件编制混凝土及钢筋混凝土工程工程量清单。

【素养目标】

（1）积极参与小组讨论，共同研讨确定混凝土及钢筋混凝土工程清单项目名称。
（2）养成良好的学习习惯，培养踏实的工作作风。

3.1.1　任务分析

工程量清单是工程量清单计价的基础，工程量清单的编制是工程造价从业人员应具备的基本能力。混凝土及钢筋混凝土工程无论在成本构成方面，还是施工管理方面都是建筑工程管理过程中最受关注的内容。本任务包括以下三方面内容。

（1）理解混凝土及钢筋混凝土工程清单项目名称设置依据。
（2）学会准确描述混凝土及钢筋混凝土工程清单项目特征。
（3）能够使用造价软件编制混凝土及钢筋混凝土工程工程量清单。

3.1.2　相关知识

1. 混凝土及钢筋混凝土工程中常见的清单项目

根据《规范》，混凝土及钢筋混凝土工程中常见的清单项目名称如表 3-1-1 至表 3-1-9 所示。在编制工程量清单时，可以根据图纸内容选择相应的项目编号、项目名称和计量单位，结合项目特征描述的要求准确描述拟编制清单的项目特征。

（1）现浇混凝土基础（表 3-1-1）。

表 3-1-1　现浇混凝土基础

项目编码	项目名称	项目特征	计量单位	工程量计算规则	工作内容
010501001	垫层	1. 混凝土种类 2. 混凝土强度等级	m^3	按设计图示尺寸以体积计算，不扣除伸入承台基础的桩头所占体积	1. 模板及支撑制作、安装、拆除、堆放、运输及清理模内杂物、刷隔离剂等 2. 混凝土制作、运输、浇筑、振捣、养护
010501002	带形基础				
010501003	独立基础				
010501004	满堂基础				
010501005	桩承台基础				
010501006	设备基础	1. 混凝土种类 2. 混凝土强度等级 3. 灌浆材料及其强度等级			

（2）现浇混凝土柱（表 3-1-2）。

表 3-1-2　现浇混凝土柱

项目编码	项目名称	项目特征	计量单位	工程量计算规则	工作内容
010502001	矩形柱	1. 混凝土种类 2. 混凝土强度等级	m^3	按设计图示尺寸以体积计算	1. 模板及支架（撑）制作、安装、拆除、堆放、运输及清理模内杂物、刷隔离剂等 2. 混凝土制作、运输、浇筑、振捣、养护
010502002	构造柱				
010502003	异形柱	1. 柱形状 2. 混凝土种类 3. 混凝土强度等级			

（3）现浇混凝土梁（表 3-1-3）。

（4）现浇混凝土墙（表 3-1-4）。

（5）现浇混凝土板（表 3-1-5）。

表 3-1-3　现浇混凝土梁

项目编码	项目名称	项目特征	计量单位	工程量计算规则	工作内容
010503001	基础梁	1. 混凝土种类 2. 混凝土强度等级	m^3	按设计图示尺寸以体积计算，伸入墙内的梁头、梁垫并入梁体积内	1. 模板及支架(撑)制作、安装、拆除、堆放、运输及清理模内杂物、刷隔离剂等 2. 混凝土制作、运输、浇筑、振捣、养护
010503002	矩形梁				
010503003	异形梁				
010503004	圈梁				
010503005	过梁				
010503006	弧形(拱形)梁				

表 3-1-4　现浇混凝土墙

项目编码	项目名称	项目特征	计量单位	工程量计算规则	工作内容
010504001	直形墙	1. 混凝土种类 2. 混凝土强度等级	m^3	按设计图示尺寸以体积计算，扣除门窗洞口及单个面积>0.3 m^2 的孔洞所占体积，墙垛及突出墙面部分并入墙体体积内	1. 模板及支架(撑)制作、安装、拆除、堆放、运输及清理模内杂物、刷隔离剂等 2. 混凝土制作、运输、浇筑、振捣、养护
010504002	弧形墙				
010504003	短肢剪力墙				
010504004	挡土墙				

表 3-1-5　现浇混凝土板

项目编码	项目名称	项目特征	计量单位	工程量计算规则	工作内容
010505001	有梁板	1. 混凝土种类 2. 混凝土强度等级	m^3	按设计图示尺寸以体积计算 有梁板(包括主、次梁与板)按梁、板体积之和计算 无梁板按板和柱帽体积之和计算，各类板伸入墙内的板头并入板体积内	1. 模板及支架(撑)制作、安装、拆除、堆放、运输及清理模内杂物、刷隔离剂等 2. 混凝土制作、运输、浇筑、振捣、养护
010505002	无梁板				
010505003	平板				
010505006	栏板				
010505008	雨篷、悬挑板、阳台板			按设计图示尺寸以墙外部分体积计算，包括伸出墙外的牛腿和雨篷反挑檐的体积	
010505009	空心板			按设计图示尺寸以体积计算，空心板(高强薄壁蜂巢芯板等)应扣除空心部分体积	

(6)现浇混凝土楼梯(表 3-1-6)。

表 3-1-6　现浇混凝土楼梯

项目编码	项目名称	项目特征	计量单位	工程量计算规则	工作内容
010506001	直形楼梯	1. 混凝土种类 2. 混凝土强度等级	1. m^2 2. m^3	1. 以平方米计量，按设计图示尺寸以水平投影面积计算，不扣除宽度≤500 mm 的楼梯井，伸入墙内部分不计算 2. 以立方米计量，按设计图示尺寸以体积计算	1. 模板及支架（撑）制作、安装、拆除、堆放、运输及清理模内杂物、刷隔离剂等 2. 混凝土制作、运输、浇筑、振捣、养护
010506002	弧形楼梯				

（7）现浇混凝土其他构件（表 3-1-7）。

表 3-1-7　现浇混凝土其他构件

项目编码	项目名称	项目特征	计量单位	工程量计算规则	工作内容
010507001	散水、坡道	1. 垫层材料种类、厚度 2. 面层厚度 3. 混凝土种类 4. 混凝土强度等级 5. 变形缝填塞材料种类	m^2	按设计图示尺寸以水平投影面积计算，不扣除单个≤0.3 m^2 的孔洞所占面积	1. 地基夯实 2. 铺设垫层 3. 模板及支架（撑）制作、安装、拆除、堆放、运输及清理模内杂物、刷隔离剂等 4. 混凝土制作、运输、浇筑、振捣、养护 5. 变形缝填塞
010507004	台阶	1. 踏步高、宽 2. 混凝土种类 3. 混凝土强度等级	1. m^2 2. m^3	1. 以平方米计量，按设计图示尺寸以水平投影面积计算 2. 以立方米计量，按设计图示尺寸以体积计算	1. 模板及支架（撑）制作、安装、拆除、堆放、运输及清理模内杂物、刷隔离剂等 2. 混凝土制作、运输、浇筑、振捣、养护
010507005	扶手、压顶	1. 断面尺寸 2. 混凝土种类 3. 混凝土强度等级	1. m 2. m^3	1. 以米计量，按设计图示中心线延长米计算 2. 以立方米计量，按设计图示尺寸以体积计算	

（8）钢筋工程（表 3-1-8）。

表 3-1-8　钢筋工程

项目编码	项目名称	项目特征	计量单位	工程量计算规则	工作内容
010515001	现浇构件钢筋	钢筋种类、规格	t	按设计图示钢筋（网）长度（面积）乘以单位理论质量计算	1. 钢筋制作、运输 2. 钢筋安装 3. 焊接（绑扎）
010515002	预制构件钢筋				
010515003	钢筋网片				
010515009	支撑钢筋（铁马）			按设计图示钢筋长度乘以单位理论质量计算	钢筋制作、焊接、安装

（9）螺栓和铁件（表 3-1-9）。

表 3-1-9 螺栓和铁件

项目编码	项目名称	项目特征	计量单位	工程量计算规则	工作内容
010516001	螺栓	1. 螺栓种类 2. 规格	t	按设计图示尺寸以质量计算	1. 螺栓、铁件制作、运输 2. 螺栓、铁件安装
010516002	预埋铁件	1. 钢材种类 2. 规格 3. 铁件尺寸			
010516003	机械连接	1. 连接方式 2. 螺纹套筒种类 3. 规格	个	按数量计算	1. 钢筋套丝 2. 套筒连接

2.《规范》关于混凝土及钢筋混凝土工程清单项目划分的常见规定

(1)短肢剪力墙是指截面厚度不大于 300 mm、各肢截面高度与厚度之比的最大值大于 4 但不大于 8 的剪力墙;各肢截面高度与厚度之比的最大值不大于 4 的剪力墙按柱项目编码列项。

(2)现浇挑檐、天沟板、雨篷、阳台与板(包括屋面板、楼板)连接时,以外墙外边线为分界线;与圈梁(包括其他梁)连接时,以梁外边线为分界线。外边线以外为挑檐、天沟、雨篷或阳台。

(3)整体楼梯(包括直形楼梯、弧形楼梯)水平投影面积包括休息平台、平台梁、斜梁和楼梯的连接梁。当整体楼梯与现浇板无梯梁连接时,以楼梯的最后一个踏步边缘加 300 mm 为界。

(4)现浇混凝土小型池槽、垫块、门框等,应按其他构件项目编码列项。

(5)架空式混凝土台阶,按现浇楼梯计算。

例题 3.1.1

已知某建筑物为框架结构,混凝土强度等级均为 C30,钢筋混凝土独立基础工程量 9.8 m^3,钢筋混凝土框架柱工程量 11.5 m^3;钢筋工程量 549 kg,采用直径 16 mm 的 HRB400 级钢筋,试编制工程量清单。

使用广联达计价软件,根据上述条件,确定清单项目有独立基础、矩形柱、现浇构件钢筋,依据题意分别描述项目特征,填写工程量,编制工程量清单,如表 3-1-10 所示。(注意工程量的单位)

3.1.3 任务小结

本任务的主要目标是理解混凝土及钢筋混凝土工程工程量清单的设置依据,掌握混凝土及钢筋混凝土工程工程量清单的编制方法,学会确定工程量清单项目名称,并准确描述工程量清单的项目特征以及填写工程量,能够运用造价软件完成混凝土及钢筋混凝土工程工程量清单的编制。

表 3-1-10 例题 3.1.1 工程量清单

分部分项工程和单价措施项目清单与计价表

工程名称:建筑工程

序号	项目编码	项目名称	项目特征描述	计量单位	工程量	金额(元)		
						综合单价	合价	其中 暂估价
1	010501003001	独立基础	1. 混凝土种类:商品混凝土 2. 混凝土强度等级:C30	m^3	9.8			
2	010502001001	矩形柱	1. 混凝土种类:商品混凝土 2. 混凝土强度等级:C30	m^3	11.5			
3	010515001001	现浇构件钢筋	钢筋种类、规格:HRB400 级钢筋,直径 16 mm	t	0.549			

3.1.4 知识拓展

目前,预制混凝土成品构件的应用比较广泛,常见的预制构件清单项目如下。

(1)预制混凝土柱(表 3-1-11)。

表 3-1-11 预制混凝土柱

项目编码	项目名称	项目特征	计量单位	工程量计算规则	工作内容
010509001	矩形柱	1. 图代号 2. 单件体积 3. 安装高度 4. 混凝土强度等级 5. 砂浆(细石混凝土)强度等级、配合比	1.m^3 2. 根	1. 以立方米计量,按设计图示尺寸以体积计算 2. 以根计量,按设计图示尺寸以数量计算	1. 模板制作、安装、拆除、堆放、运输及清理模内杂物、刷隔离剂等 2. 混凝土制作、运输、浇筑、振捣、养护 3. 构件运输、安装 4. 砂浆制作、运输 5. 接头灌缝、养护
010509002	异形柱				

(2)预制混凝土梁(表 3-1-12)。

表 3-1-12 预制混凝土梁

项目编码	项目名称	项目特征	计量单位	工程量计算规则	工作内容
0105102001	矩形梁	1. 图代号 2. 单件体积 3. 安装高度 4. 混凝土强度等级 5. 砂浆(细石混凝土)强度等级、配合比	1.m^3 2. 根	1. 以立方米计量,按设计图示尺寸以体积计算 2. 以根计量,按设计图示尺寸以数量计算	1. 模板制作、安装、拆除、堆放、运输及清理模内杂物、刷隔离剂等 2. 混凝土制作、运输、浇筑、振捣、养护 3. 构件运输、安装 4. 砂浆制作、运输 5. 接头灌缝、养护
0105102002	异形梁				
0105102003	过梁				

注:以根计量,必须描述单件体积。

3.1.5 岗课赛证

（1）熟悉《规范》中混凝土及钢筋混凝土工程清单项目的相关内容，包括项目编码、项目名称、项目特征、计量单位和工作内容。

（2）（单选）编制房屋建筑工程施工招标的工程量清单，对于第一项现浇混凝土无梁板的清单项目，相对应的编码是（　　）。

A. 010503002001　　B. 010405001001　　C. 010505002001　　D. 010506002001

任务 3.2 混凝土工程工程量计算

【知识目标】

（1）理解混凝土工程工程量计算规则。

（2）学会混凝土工程工程量计算方法。

【能力目标】

（1）能够运用工程量计算规则计算简单的混凝土工程工程量。

（2）能够完成混凝土工程的数字化建模。

（3）能够对混凝土工程的三维算量模型进行校验。

（4）能够运用算量软件完成混凝土工程清单工程量计算汇总。

【素养目标】

（1）鼓励独立思考，能够发现、提出并解决问题。

（2）培养团队意识，分工协作，提高效率，共同完成任务。

3.2.1 任务分析

混凝土工程中各分项工程工程量的计算是完成混凝土项目造价的基本工作之一，也是造价人员在造价管理工作中应具备的最基本能力。本任务包括以下两方面内容。

（1）理解《规范》和《建筑定额》《装饰定额》中关于混凝土构件工程量计算的规则。

（2）运用算量软件完成混凝土构件工程量计算工作。

3.2.2 相关知识

1. 混凝土柱工程量计算规则的应用

（1）有梁板的柱高应按柱基上表面（或楼板上表面）至上一层楼板上表面的高度计算，如图 3.2.1 所示。

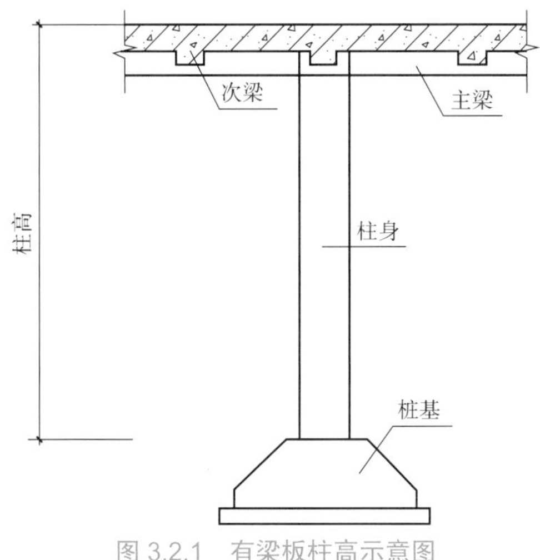

图 3.2.1 有梁板柱高示意图

（2）无梁板的柱高应按柱基上表面（或楼板上表面）到柱帽下表面的高度计算，如图 3.2.2 所示。

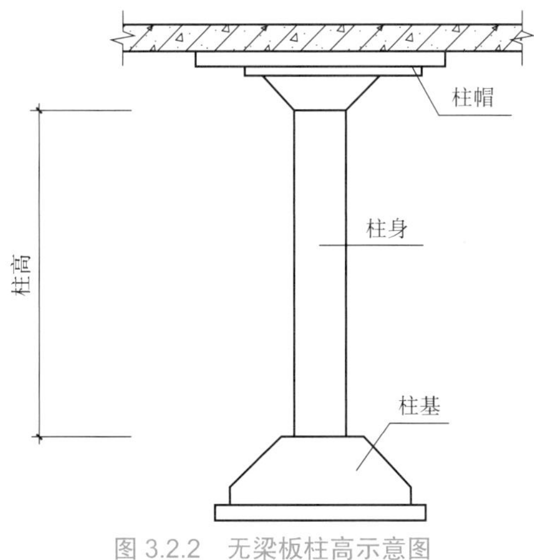

图 3.2.2 无梁板柱高示意图

（3）框架柱的柱高应按柱基上表面到柱顶的高度计算，如图 3.2.3 所示。

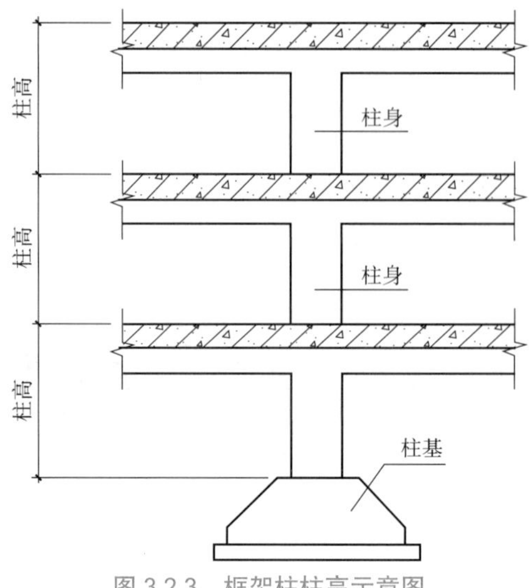

图 3.2.3　框架柱柱高示意图

例题 3.2.1

计算实训楼 KZ1~KZ4 的混凝土工程量，详见附录中柱平面布置图。

KZ1：V=0.5×0.5×(1.3+7.12)×4=8.42(m^3)

KZ2：V=0.45×0.45×(1.3+7.12)×2=3.41(m^3)

KZ3：V=0.4×0.4×(1.3+7.12)×3=4.04(m^3)

KZ4：V=0.45×0.45×(1.3+7.12)×6=10.23(m^3)

合计：26.1(m^3)

(4)构造柱的柱高按全高计算，嵌接墙体部分(马牙槎)并入柱身体积，如图 3.2.4 和图 3.2.5 所示。

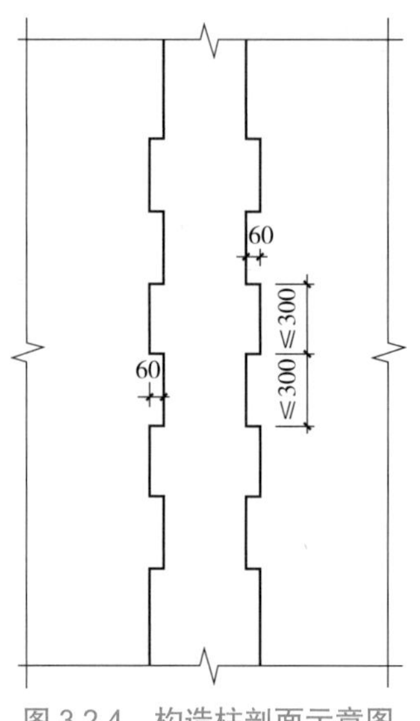

图 3.2.4　构造柱剖面示意图

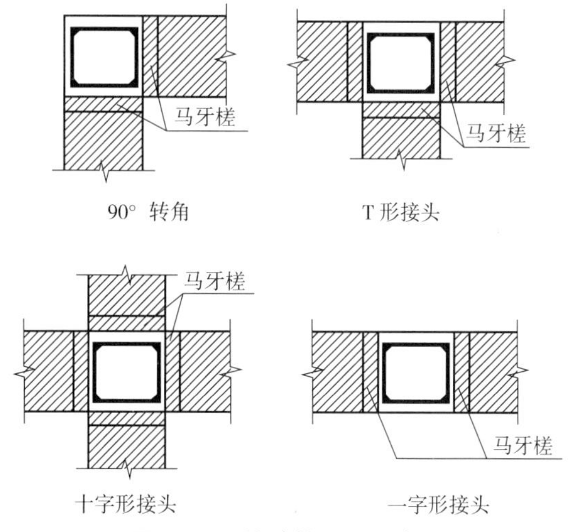

图 3.2.5 构造柱平面示意图

设构造柱边长分别为 a、b，n_1、n_2 分别为对应 a、b 边的马牙槎的个数，h 为柱高，则构造柱体积 $V=(a\times b+0.03\times a\times n_1+0.03\times b\times n_2)\times h$

例题 3.2.2

某建筑物内，一处纵、横内墙体交接处设置构造柱，混凝土强度等级 C25，平面形状成 T 字形，墙厚均为 240 mm，若构造柱全高 15 m，试计算构造柱体积。

依题意，$a=b=0.24$ m，$n_1=2$，$n_2=1$，$h=15.0$ m，则有

$$V=(0.24\times 0.24+0.03\times 0.24\times 2+0.03\times 0.24\times 1)\times 15.0$$
$$=1.19(\text{m}^3)$$

（5）依附柱上的牛腿和升板的柱帽，并入柱身体积计算。

2. 混凝土梁工程量计算规则的应用

按设计图示尺寸以体积计算，伸入砖墙内的梁头、梁垫并入梁体积内，如图 3.2.6 所示。

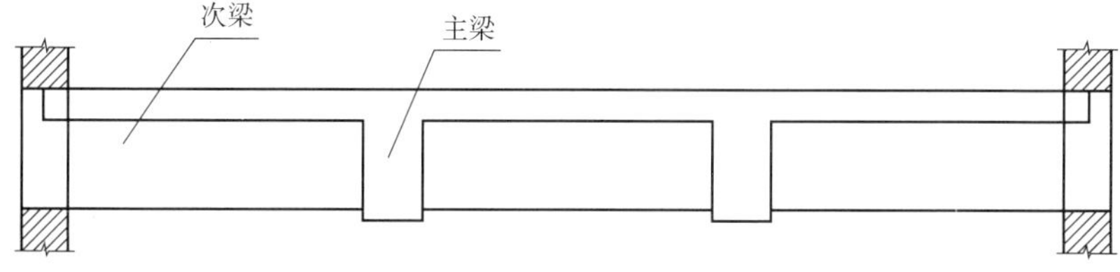

图 3.2.6 主梁、次梁示意图

（1）梁与柱连接时，梁长算至柱侧面。

（2）主梁与次梁连接时，次梁梁长算至主梁侧面。

某建筑局部框架如图 3.2.7 所示，A 轴 KL1 长度算至柱侧面，即

$$\text{梁长 } L=4.5+4.5-0.4\times 2=8.2(\text{m})$$

B 轴 KL1 长度算至主梁侧面，即

$$\text{梁长 } L=4.5-0.15\times 2=4.2(\text{m})$$

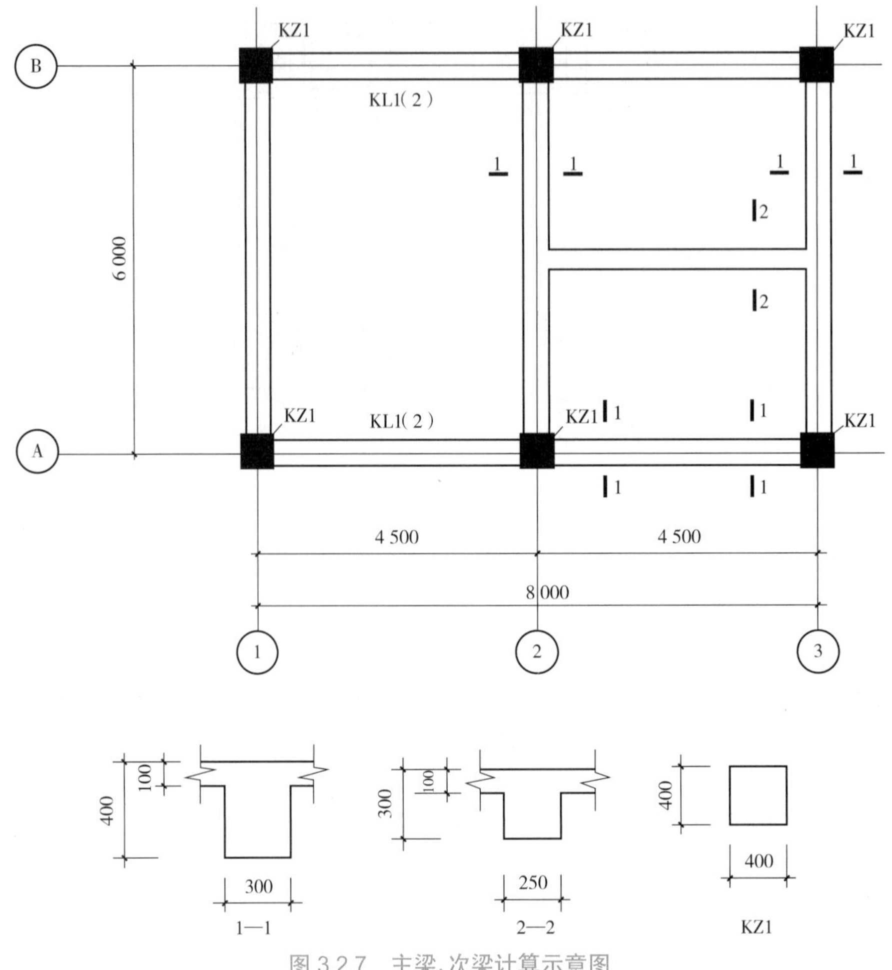

图 3.2.7　主梁、次梁计算示意图

3. 混凝土板工程量计算规则的应用

按设计图示尺寸以体积计算，不扣除单个面积<0.3 m² 的柱、垛及孔洞所占体积。

(1)有梁板包括梁与板，按梁、板体积之和计算。

(2)无梁板按板和柱帽体积之和计算。

(3)各类板伸入砖墙内的板头并入板体积内计算。

(4)空心板按设计图示尺寸以体积(扣除空心部分)计算。

4. 混凝土基础工程量计算规则的应用

按设计图示尺寸以体积计算，不扣除伸入承台基础的桩头所占体积。

(1)带形基础，不分有肋式与无肋式，均按带形基础项目计算。有肋式带形基础，当肋高(指基础扩大顶面至梁顶面的高度)≤1.2 m 时，合并计算；当肋高(指基础扩大顶面至梁顶面的高度)>1.2 m 时，扩大顶面以下的基础部分按无肋带形基础项目计算，扩大顶面以上部分按墙项目计算。

(2)箱式基础分别按基础、柱、墙、梁、板等相关规定计算。

(3)设备基础,除块体(指没有空间的实心基础)外,其他类型设备基础分别按基础、柱、墙、梁、板等相关规定计算。

5. 其他构件

(1)栏板、扶手按设计图示尺寸以体积计算,伸入砖墙内的部分并入栏板、扶手的体积计算。

(2)挑檐、天沟按设计图示尺寸以墙外部分的体积计算。当挑檐、天沟与板(包括屋面板)相连时,以外墙外边线为分界线;与梁(包括圈梁)相连时,以梁的外边线为分界线,超出外墙外边线的部分计入挑檐、天沟的体积。

(3)雨篷梁、板的工程量合并计算,按雨篷的体积计算,当栏板高度≤400 mm 时,并入雨篷的体积内计算;当栏板高度>400 mm 时,超出部分分别按栏板计算。

例题 3.2.3

某建筑物为框架结构,共设置 9 个独立基础,基础平面图和剖面图如图 3.2.8 所示,试计算独立基础和垫层的混凝土工程量。

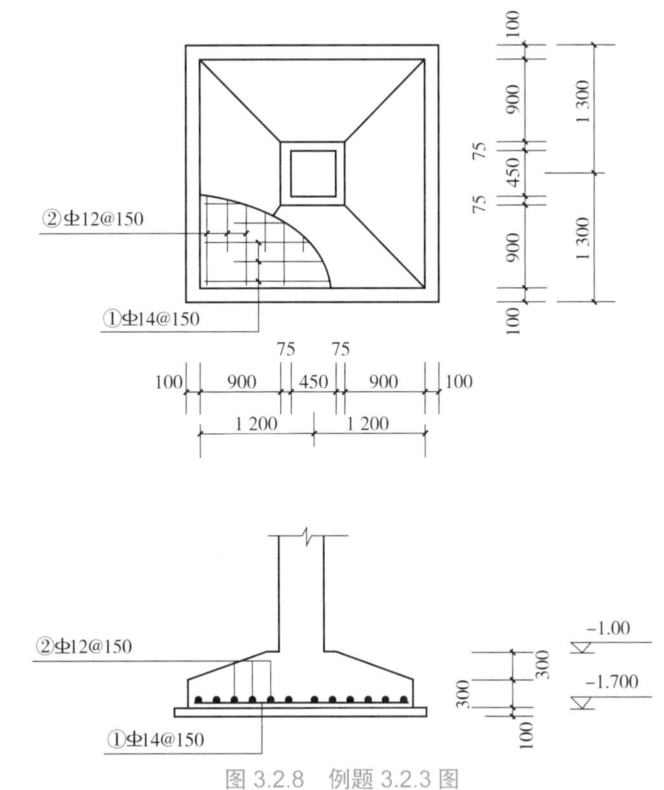

图 3.2.8　例题 3.2.3 图

混凝土垫层混凝土工程量计算如下:

$V=2.6\times2.6\times0.1\times9=6.08$(m^3)

基础混凝土工程量计算,基础可视为由下部的柱体和上部的棱台组成,即

$$V_{柱体}=2.4\times2.4\times0.3=1.73(m^3)$$

$$V_{棱台}=\frac{1}{3}\times(S_{上}+S_{下}+\sqrt{S_{上}S_{下}})\times h$$

$$=\frac{1}{3}\times(0.6\times0.6+2.4\times2.4+\sqrt{0.6\times0.6\times2.4\times2.4})\times0.3$$

$$=0.76(m^3)$$

$$V=V_{柱体}+V_{棱台}=(1.73+0.76)\times9=22.41(m^3)$$

（4）楼梯（包括休息平台、平台梁、斜梁及楼梯板的连接梁）按设计图示尺寸以水平投影面积计算，不扣除宽度小于 0.5 m 的楼梯井，伸入墙内部分不另增加。当整体楼梯与现浇楼板无梯梁连接时，以楼梯的最后一个踏步边缘加 300 mm 为界。带门或门洞的封闭楼梯间按楼梯间的整体水平投影面积计算。

（5）散水、台阶按设计图示尺寸以水平投影面积计算。当台阶与平台连接时，其投影面积以最上层踏步外沿加 300 mm 计算。

例题 3.2.4

某高层建筑内独立楼梯间如图 3.2.9 所示，试计算本层楼梯工程量。

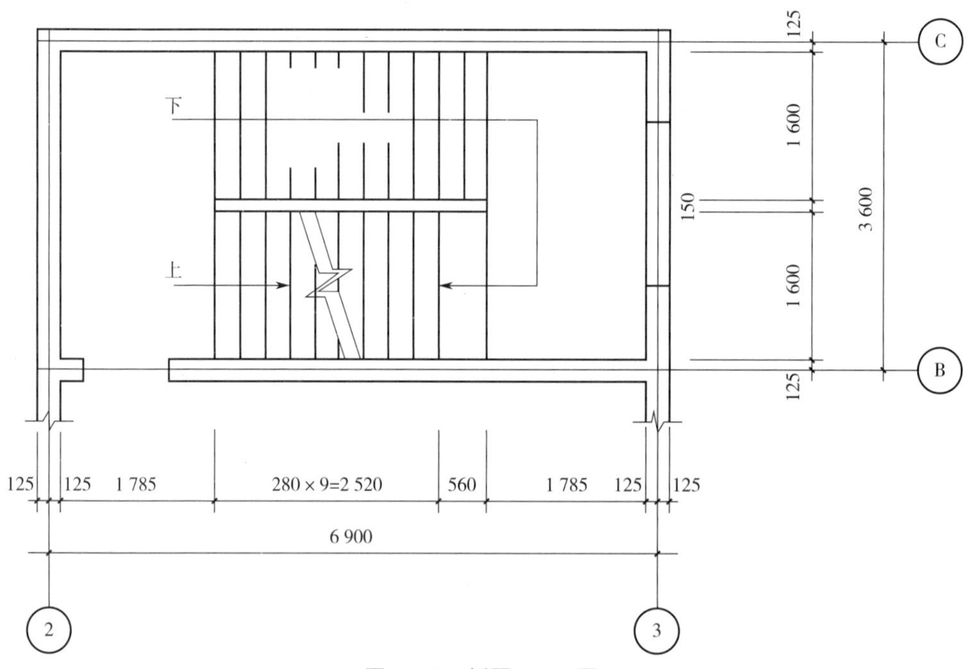

图 3.2.9 例题 3.2.4 图

本层楼梯工程量计算如下：

本层楼梯工程量=楼梯水平投影面积

$$=(6.9-0.125\times2)\times(3.6-0.125\times2)$$

$$=22.28(m^2)$$

3.2.3　任务小结

本任务介绍了混凝土工程中常见项目的工程量计算方法。要求理解工程量清单计算规则，学会混凝土工程工程量计算方法，能够计算简单混凝土构件的工程量，并熟练掌握软件操作流程，能够运用软件计算混凝土项目的工程量。

3.2.4　知识拓展

（1）图集《地沟及盖板》（02J331）的应用举例，参考表 3-2-1 和表 3-2-2。

某建筑物地沟选用标准图集《地沟及盖板》（02J331），地沟采用 R0810-1、地沟盖板采用 B8-1，地沟梁采用 L10-1，假设地沟总长 10 m，则地沟工程量计算如下。

地沟混凝土工程量：$0.465\ m^3/m \times 10\ m = 4.65\ m^3$

垫层混凝土工程量：$0.1\ m^3/m \times 10\ m = 1.0\ m^3$

地沟钢筋 Φ10 以内：$270\ N/m \div 9.8\ N/kg \times 10\ m = 275.5\ kg$

地沟盖板混凝土工程量：$0.029\ m^3$/个 ×（10/0.8+1）个=$0.406\ m^3$

地沟盖板钢筋 Φ10 以内：23 N/个 ÷9.8 N/kg×（10/0.8+1）个=32.86 kg

表 3-2-1　钢筋混凝土地沟材料表（部分）

地沟型号	钢筋号	形状	规格	长度	数量	单重（N）	共重（N）	总重（N）	混凝土体积（m^3）	垫层体积（m^3）
R0608-1	1	900	Φ8	1 000	10	3.95	40	224	0.375	0.085
	2	1000	Φ8	1 000	28	3.95	111			
	3	850	Φ8	950	5	3.75	19			
	4	900 850 900	Φ8	2 750	5	10.86	54			
R0810-1	1	1100	Φ8	1 200	10	4.74	47	270	0.465	0.10
	2	1100	Φ8	1 000	34	3.95	134			
	3	1050	Φ8	1 150	5	4.54	23			
	4	1100 1050 1100	Φ8	3 350	5	13.2	66			

注：材料表为地沟每米长的钢筋重量及混凝土用量。

表 3-2-2　钢筋混凝土地沟盖板材料表（部分）

板号	钢筋号	形状	规格	长度	数量	单重（N）	共重（N）	总重（N）	板厚（mm）/混凝土体积（m^3）	自重（kN）
B8-1	1	950	Φ8	1 050	4	4.15	17	23	60/0.029	0.72
	2	450	Φ6	450	6	0.999	6			
B8-2	1	950	Φ10	1 050	6	4.15	25	31		
	2	450	Φ6	450	6	0.999	6			
B8-3	1	950	Φ8	1 050	4	4.15	17	23	80/0.038	0.95
	2	450	Φ6	450	6	0.999	6			

（2）与楼梯有关的常见工程量清单项目设置、项目特征描述、计量单位及工程量计算规则按表 3-2-3 执行。踏步防滑条等项目参考装饰工程中楼梯面层的相关内容，楼梯间踢脚参见装饰工程中踢脚线相关项目的内容设置。

表 3-2-3　扶手、栏杆

项目编码	项目名称	项目特征描述	计量单位	工程量计算规则	工作内容
011503001	金属扶手、栏杆、栏板	1. 扶手材料种类、规格 2. 栏杆材料种类、规格 3. 栏板材料种类、规格 4. 固定配件种类 5. 防护材料种类	m	按设计图示尺寸以扶手中心线长度（包括弯头长度）计算	1. 制作 2. 运输 3. 安装 4. 刷防护材料
011503002	硬木扶手、栏杆、栏板				
011503003	塑料扶手、栏杆、栏板				
011503008	玻璃栏板	1. 栏板玻璃的种类、规格、颜色 2. 固定方式 3. 固定配件种类	m	按设计图示尺寸以扶手中心线长度（包括弯头长度）计算	1. 制作 2. 运输 3. 安装 4. 刷防护材料

3.2.5 岗课赛证

（1）（单选）根据《规范》，下列关于现浇混凝土工程量计算正确的是（　　）。

A. 雨篷与圈梁连接时，其工程量以梁中心线为分界面

B. 阳台梁与圈梁连接部分并入圈梁工程量

C. 挑檐板按设计图示水平投影面积计算

D. 空心板按设计图示尺寸以体积计算，空心部分不予扣除

（2）（多选）根据《规范》，下列关于现浇混凝土构件工程量计算正确的是（　　）。

A. 电缆沟、地沟按设计图示尺寸以面积计算

B. 台阶按设计图示尺寸以水平投影面积或体积计算

C. 压顶按设计图示尺寸以水平投影面积计算
D. 扶手按设计图示尺寸以体积计算
E. 检查井按设计图示尺寸以体积计算

任务 3.3　钢筋工程工程量计算

【知识目标】

（1）理解混凝土构件（柱、梁、板）钢筋构造要求。
（2）学会钢筋工程工程量计算方法。

【能力目标】

（1）学会运用工程量计算规则计算简单的构件钢筋工程量。
（2）能够完成钢筋工程的数字化建模。
（3）能够对钢筋工程的三维算量模型进行校验。
（4）能够运用算量软件完成钢筋工程清单工程量计算汇总。

【素养目标】

（1）做到融会贯通，能在各个专业课程中灵活运用各知识点。
（2）培养团队意识，分工协作，提高效率，共同完成任务。

3.3.1　任务分析

钢筋工程在建筑工程工程量计量中所占比重较大，是钢筋计量或钢筋下料工作中的主要内容之一，能否准确计算钢筋工程工程量是评估造价人员工作能力的重要指标。本任务包括以下三方面内容。

（1）理解《规范》和《建筑定额》中有关钢筋工程工程量的计算规则。
（2）了解主要混凝土构件的钢筋构造要求。
（3）运用算量软件完成钢筋工程量计算工作。

3.3.2　相关知识

1. 混凝土结构的环境类别

混凝土结构的环境类别如表 3-3-1 所示。

表 3-3-1　混凝土结构的环境类别

环境类别	条件
一	1. 室内干燥环境 2. 无侵蚀性静水浸没环境
二 a	1. 室内潮湿环境 2. 非严寒和非寒冷地区的露天环境 3. 非严寒和非寒冷地区与无侵蚀性的水或土壤直接接触的环境 4. 严寒和寒冷地区的冰冻线以下与无侵蚀性的水或土壤直接接触的环境
二 b	1. 干湿交替环境 2. 水位频繁变动环境 3. 严寒和寒冷地区的露天环境 4. 严寒和寒冷地区冰冻线以上与无侵蚀性的水或土壤直接接触的环境
三 a	1. 严寒和寒冷地区冬季水位变动区环境 2. 受除冰盐影响环境 3. 海风环境
三 b	1. 盐渍土环境 2. 受除冰盐作用环境 3. 海岸环境
四	海水环境
五	受人为或自然的侵蚀性物质影响的环境

注:(1)室内潮湿环境是指构件表面经常处于结露或湿润状态的环境。

(2)严寒和寒冷地区的划分应符合现行国家标准《民用建筑热工设计规范》(GB 50176—2016)的有关规定。

(3)海岸环境和海风环境宜根据当地情况,考虑主导风向及结构所处迎风、背风部位等因素的影响,由调查研究和工程经验确定。

(4)受除冰盐影响环境是指受到除冰盐盐雾影响的环境;受除冰盐作用环境是指被除冰盐溶液溅射的环境以及使用除冰盐地区的洗车房、停车楼等建筑。

(5)混凝土结构的环境类别是指混凝土暴露表面所处的环境条件。

2. 混凝土保护层的最小厚度

混凝土保护层的最小厚度如表 3-3-2 所示。

表 3-3-2　混凝土保护层的最小厚度(单位:mm)

环境类别	板、墙	梁、柱
一	15	20
二 a	20	25
二 b	25	35
三 a	30	40
三 b	40	50

注:(1)表中混凝土保护层厚度指最外层钢筋外边缘至混凝土表面的距离,适用于设计使用年限为 50 年的混凝土结构。

(2)构件中受力钢筋的保护层厚度不应小于钢筋的公称直径。

(3)一类环境中,设计使用年限为 100 年的混凝土结构最外层钢筋的保护层厚度不应小于表中数值的 1.4 倍;二、三类环境中,设计使用年限为 100 年的混凝土结构应采取专门的有效措施;四类和五类环境类别的混凝土结构,其耐久性要求应符合国家现行有关标准规定。

(4)混凝土强度等级为 C25 时,表中保护层厚度数值应增加 5 mm。

(5)基础底面钢筋的保护层厚度,有混凝土垫层时应从垫层顶面算起,且不应小于 40 mm。

3. 钢筋的锚固长度

（1）受拉钢筋基本锚固长度 l_{ab} 如表 3-3-3 所示。

表 3-3-3　受拉钢筋基本锚固长度 l_{ab}

钢筋种类	混凝土强度等级							
	C25	C30	C35	C40	C45	C50	C55	≥C60
HPB300	34*d*	30*d*	28*d*	25*d*	24*d*	23*d*	22*d*	21*d*
HRB400、HRBF400、RRB400	40*d*	35*d*	32*d*	29*d*	28*d*	27*d*	26*d*	25*d*
HRB500、HRBF500	48*d*	43*d*	39*d*	36*d*	34*d*	32*d*	31*d*	30*d*

注：*d* 为钢筋直径。

（2）抗震设计时受拉钢筋基本锚固长度 l_{abE} 如表 3-3-4 所示。

表 3-3-4　抗震设计时受拉钢筋基本锚固长度 l_{abE}

钢筋种类及抗震等级		混凝土强度等级							
		C25	C30	C35	C40	C45	C50	C55	≥C60
HPB300	一、二级	34*d*	30*d*	28*d*	25*d*	24*d*	23*d*	22*d*	21*d*
	三级	36*d*	32*d*	29*d*	26*d*	25*d*	24*d*	23*d*	22*d*
HRB400、HRBF400	一、二级	40*d*	35*d*	32*d*	29*d*	28*d*	27*d*	26*d*	25*d*
	三级	42*d*	37*d*	34*d*	30*d*	29*d*	28*d*	27*d*	26*d*
HRB500、HRBF500	一、二级	48*d*	43*d*	39*d*	36*d*	34*d*	32*d*	31*d*	30*d*
	三级	50*d*	45*d*	41*d*	38*d*	36*d*	34*d*	33*d*	32*d*

注：*d* 为钢筋直径。

（3）受拉钢筋锚固长度 l_a 如表 3-3-5 所示。

表 3-3-5　受拉钢筋锚固长度 l_a

钢筋种类	混凝土强度等级															
	C25		C30		C35		C40		C45		C50		C55		≥C60	
	d≤25	*d*>25	*d*≤25	*d*>25	*d*≤25	*d*>25	*d*≤25	*d*>25	*d*≤25	*d*>25	*d*≤25	*d*>25	*d*≤25	*d*>25	*d*≤25	*d*>25
HPB300	34*d*	—	30*d*	—	28*d*	—	25*d*	—	24*d*	—	23*d*	—	22*d*	—	21*d*	—
HRB400、HRBF400、RRB400	40*d*	44*d*	35*d*	39*d*	32*d*	35*d*	29*d*	32*d*	28*d*	31*d*	27*d*	30*d*	26*d*	29*d*	25*d*	28*d*
HRB500、HRBF500	48*d*	53*d*	43*d*	47*d*	39*d*	43*d*	36*d*	40*d*	34*d*	37*d*	32*d*	35*d*	31*d*	34*d*	30*d*	33*d*

注：*d* 为钢筋直径。

（4）受拉钢筋抗震锚固长度 l_{aE} 如表 3-3-6 所示。

表 3-3-6　受拉钢筋抗震锚固长度 l_{aE}

钢筋种类及抗震等级		混凝土强度等级															
		C25		C30		C35		C40		C45		C50		C55		≥C60	
		d≤25	d>25	d≤25	d>25	d≤25	d>25	d≤25	d>25	d≤25	d>25	d≤25	d>25	d≤25	d>25	d≤25	d>25
HPB300	一、二级	39d	—	35d	—	32d	—	29d	—	28d	—	26d	—	25d	—	24d	—
	三级	36d	—	32d	—	29d	—	26d	—	25d	—	24d	—	23d	—	22d	—
HRB400、HRBF400、RRB400	一、二级	46d	51d	40d	45d	37d	40d	33d	37d	32d	36d	31d	35d	30d	33d	29d	32d
	三级	42d	46d	37d	41d	34d	37d	30d	34d	29d	33d	28d	32d	27d	30d	26d	29d
HRB500、HRBF500	一、二级	55d	61d	49d	54d	45d	49d	41d	46d	39d	43d	37d	40d	36d	39d	35d	38d
	三级	50d	56d	45d	49d	41d	45d	38d	42d	36d	39d	34d	37d	33d	36d	32d	35d

注：d 为钢筋直径。

（5）纵向受拉钢筋搭接长度 l_l 如表 3-3-7 所示。

表 3-3-7　纵向受拉钢筋搭接长度 l_l

钢筋种类及同一区段内搭接钢筋面积百分率		混凝土强度等级															
		C25		C30		C35		C40		C45		C50		C55		≥C60	
		d≤25	d>25	d≤25	d>25	d≤25	d>25	d≤25	d>25	d≤25	d>25	d≤25	d>25	d≤25	d>25	d≤25	d>25
HPB300	≤25%	41d	—	36d	—	34d	—	30d	—	29d	—	28d	—	26d	—	25d	—
	50%	48d	—	42d	—	39d	—	35d	—	34d	—	32d	—	31d	—	29d	—
	100%	54d	—	48d	—	45d	—	40d	—	38d	—	37d	—	35d	—	34d	—
HRB400、HRBF400、RRB400	≤25%	48d	53d	42d	47d	38d	42d	35d	38d	34d	37d	32d	36d	31d	35d	30d	34d
	50%	56d	62d	49d	55d	45d	49d	41d	45d	39d	43d	38d	42d	36d	41d	35d	39d
	100%	64d	70d	56d	62d	51d	56d	46d	51d	45d	50d	43d	48d	42d	46d	40d	45d
HRB500、HRBF500	≤25%	58d	64d	52d	56d	47d	52d	43d	48d	41d	44d	38d	42d	37d	41d	36d	40d
	50%	67d	74d	60d	66d	55d	60d	50d	56d	48d	52d	45d	49d	43d	48d	42d	46d
	100%	77d	85d	69d	75d	62d	69d	58d	64d	54d	59d	51d	56d	50d	54d	48d	53d

注：d 为钢筋直径。

（6）纵向受拉钢筋抗震搭接长度 l_{lE} 如表 3-3-8 所示。

表 3-3-8 纵向受拉钢筋抗震搭接长度 l_{lE}

钢筋种类及同一区段内搭接钢筋面积百分率			混凝土强度等级															
			C25		C30		C35		C40		C45		C50		C55		≥C60	
			d≤25	d>25	d≤25	d>25	d≤25	d>25	d≤25	d>25	d≤25	D>25	d≤25	d>25	d≤25	d>25	d≤25	d>25
一、二级抗震等级	HPB300	≤25%	47d	—	42d	—	38d	—	35d	—	34d	—	31d	—	30d	—	29d	—
		50%	55d	—	49d	—	45d	—	41d	—	39d	—	36d	—	35d	—	34d	—
	HRB400、HRBF400	≤25%	55d	61d	48d	54d	44d	48d	40d	44d	38d	43d	37d	42d	36d	40d	35d	38d
		50%	64d	71d	56d	63d	52d	56d	46d	52d	45d	50d	43d	49	42d	46d	41d	45d
	HRB500、HRBF500	≤25%	66d	73d	59d	65d	54d	59d	49d	55d	47d	52d	44d	48d	43d	47d	42d	46d
		50%	77d	85d	69d	76d	63d	69d	57d	64d	55d	60d	52d	56d	50d	55d	49d	53d
三级抗震等级	HPB300	≤25%	43d	—	38d	—	35d	—	31d	—	30d	—	29d	—	28d	—	26d	—
		50%	50d	—	45d	—	41d	—	36d	—	35d	—	34d	—	32d	—	31d	—
	HRB400、HRBF400	≤25%	50d	55d	44d	49d	41d	44d	36d	41d	35d	40d	34d	38d	32d	36d	31d	35d
		50%	59d	64d	52d	57d	48d	52d	42d	48d	41d	46d	39d	45d	38d	42d	36d	41d
	HRB500、HRBF500	≤25%	60d	67d	54d	59d	49d	54d	46d	50d	43d	47d	41d	44d	40d	43d	38d	42d
		50%	70d	78d	63d	69d	57d	63d	53d	59d	50d	55d	48d	52d	46d	50d	45d	49d

注：*d* 为钢筋直径。

4. 钢筋工程量计算规则

（1）现浇、预制构件钢筋，按设计图示钢筋中心线长度外加搭接长度乘以单位理论质量计算。

（2）除钢筋端部弯钩按理论弯曲中心线长度计算外，其他弯曲部位均按直形折线长度计算。

（3）钢筋搭接长度和接头数量按设计图示及规范要求计算；设计图示及规范要求未明确的长钢筋，按每 9 m 一个搭接（接头）计算。

（4）箍筋或分布钢筋等按间距计算的钢筋数量按间隔数量向上取整加 1 计算。

钢筋质量计算公式（kg/m）为

$$钢筋质量=0.006\,17d^2$$

常用钢筋单位长度理论质量如表 3-3-9 所示。

表 3-3-9 常用钢筋单位长度理论质量

钢筋直径（mm）	6	6.5	8	10	12	14	16
每米质量（kg/m）	0.222	0.261	0.395	0.617	0.888	1.209	1.580
钢筋直径（mm）	18	20	22	25	28	30	32
每米质量（kg/m）	1.999	2.468	2.986	3.856	4.837	5.553	6.318

（5）当设计要求钢筋接头采用机械连接时，按数量计算，不再计算该处的钢筋搭接长度。

（6）植筋按数量计算，植入钢筋按外露和植入部分长度之和乘以单位理论质量计算。

（7）混凝土构件预埋铁件、螺栓，按设计图示尺寸以质量计算。

5. 柱钢筋构造

（1）纵筋。

1）基础插筋（参见《混凝土结构施工图平面整体表示方法制图规则和构造详图（独立基础、条形基础、筏形基础、桩基础）》（22G101-3）），如图 3.3.1 所示。

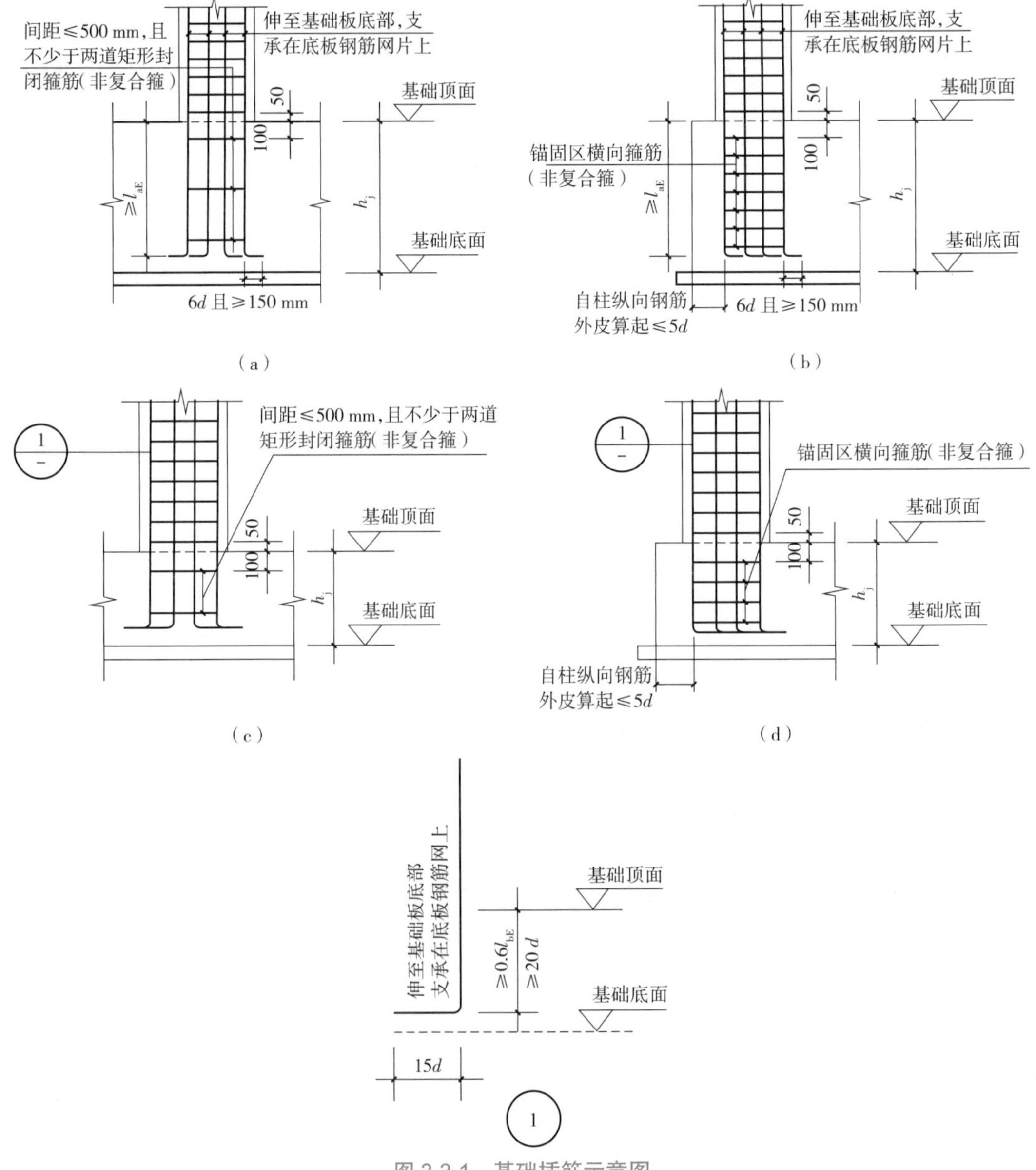

图 3.3.1　基础插筋示意图

（a）保护层厚度>5d，基础高度满足直锚　（b）保护层厚度≤5d，基础高度满足直锚

（c）保护层厚度>5d，基础高度不满足直锚　（d）保护层厚度≤5d，基础高度不满足直锚

基础插筋长度 L=基础高度−保护层+底部弯折+基础钢筋伸入上层长度。

①当基础高度满足直锚，纵筋全部插入基础底板弯折 max(6d,150)。

②当基础高度不满足直锚，纵筋全部插入基础底板钢筋网之上弯折 15d。

③基础钢筋伸入上层长度，取基础顶部非连接区高度 $H_n/3$。

注：H_n 为所在楼层柱净高，下同。

2)中间层钢筋。

①中间层钢筋长度 L=本层层高−下层钢筋伸入本层长度+本层钢筋伸入上层长度。

②下层钢筋伸入本层长度，取基础顶部非连接区高度 $H_n/3$。

③本层钢筋伸入上层长度，取 max($H_n/6$,H_c,500)。

注：H_c 为柱截面长边尺寸，下同。

3)顶层钢筋。

顶层钢筋区分边柱、中柱、角柱的构造，以矩形柱为例：边柱，一个边为外侧边、三个边为内侧边；角柱，两个边为外侧边、两个边为内侧边；中柱，四个边均为内侧边，如图 3.3.2 所示。

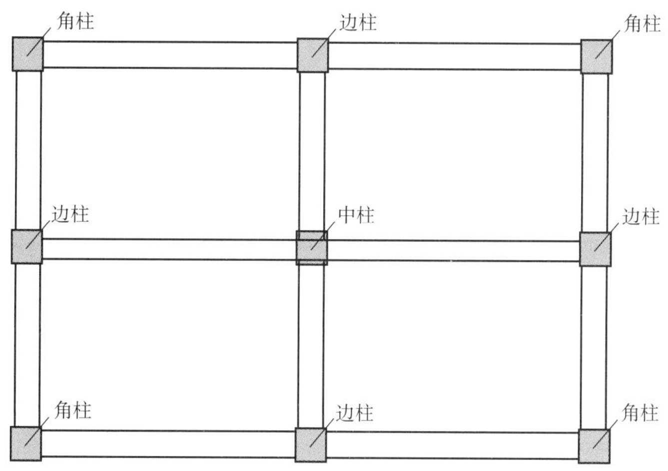

图 3.3.2　边柱、角柱、中柱示意图

①边柱和角柱的钢筋构造形式如图 3.3.3 所示。

②中柱的钢筋构造有四种形式，如图 3.3.4 所示。

(2)箍筋(本书中箍筋按外皮长度计算)。

箍筋质量=单根箍筋长度 × 钢筋理论质量 × 根数

1)单根箍筋长度。

外箍筋长度=$2\times[(b-2c)+(h-2c)]+2\times[\max(10d,75)+1.9d]$

2)箍筋根数。

计算箍筋根数，首先要了解 KZ 箍筋加密区范围的构造要求，如图 3.3.5 所示。

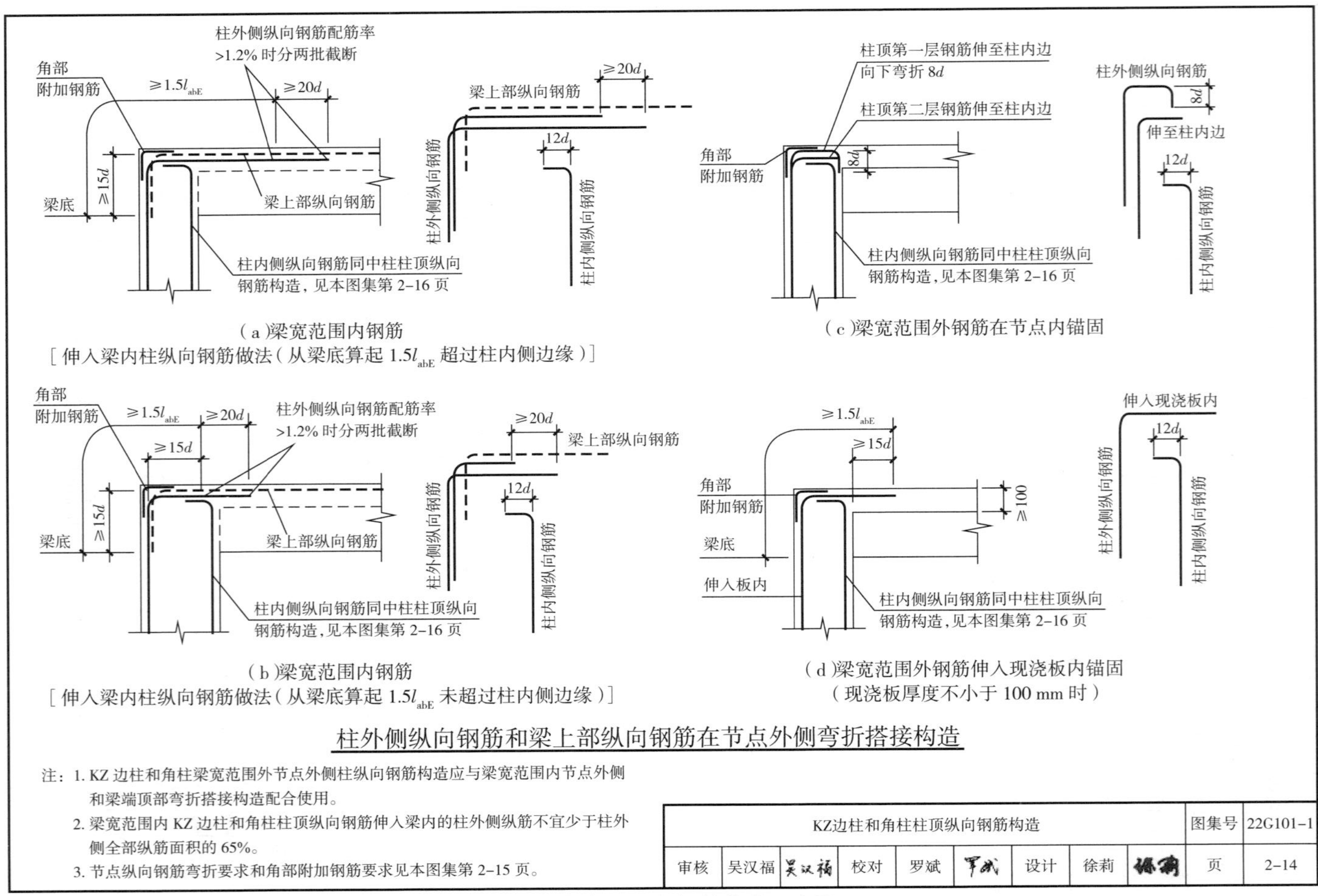

图 3.3.3　边角柱柱顶纵向钢筋构造示意图

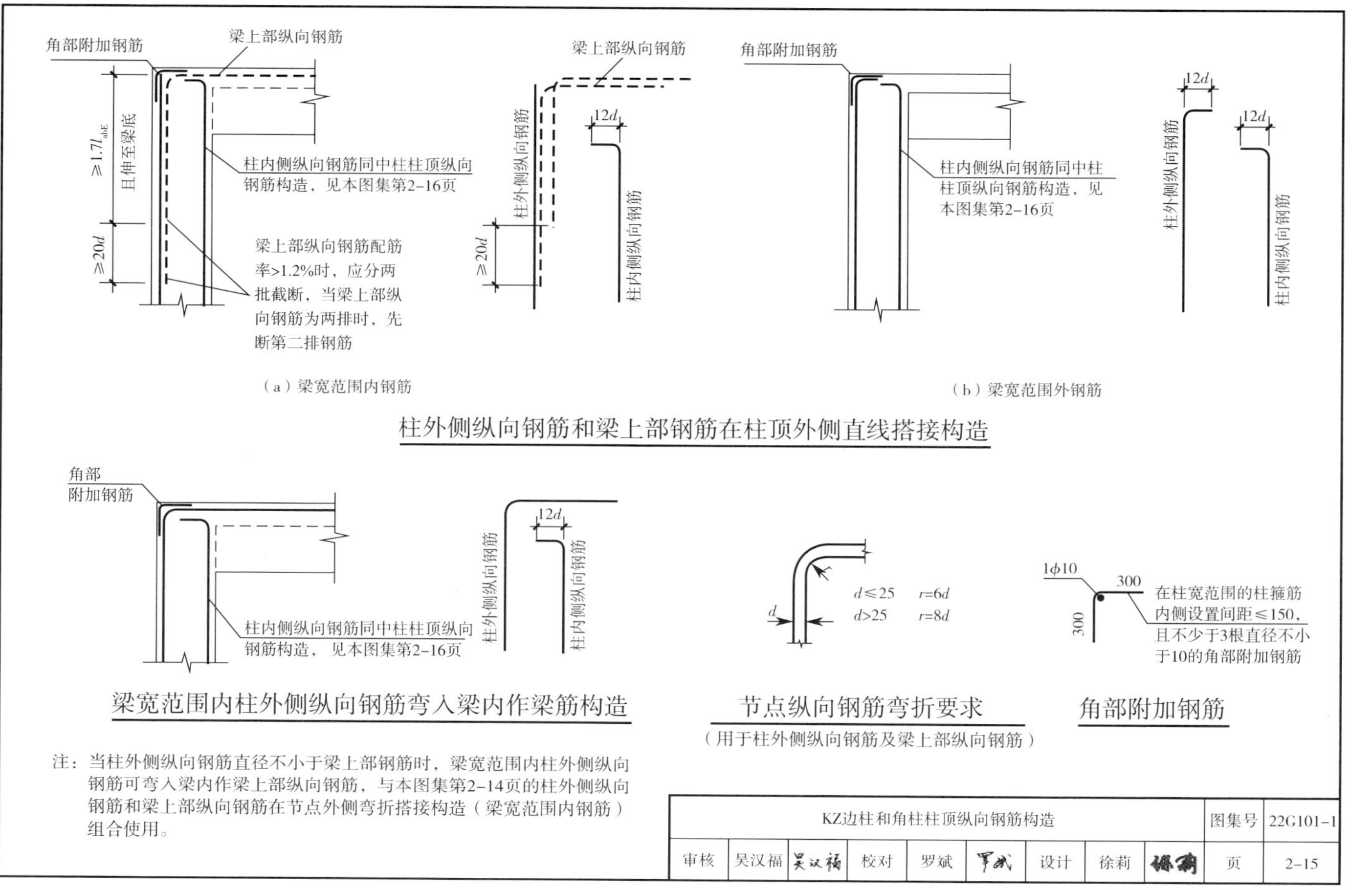

图 3.3.3　边柱和角柱柱顶纵向钢筋构造示意图（续）

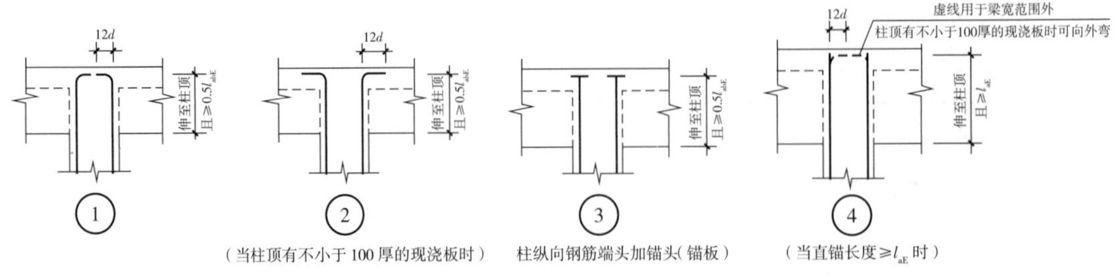

图 3.3.4　中柱柱顶纵向钢筋构造

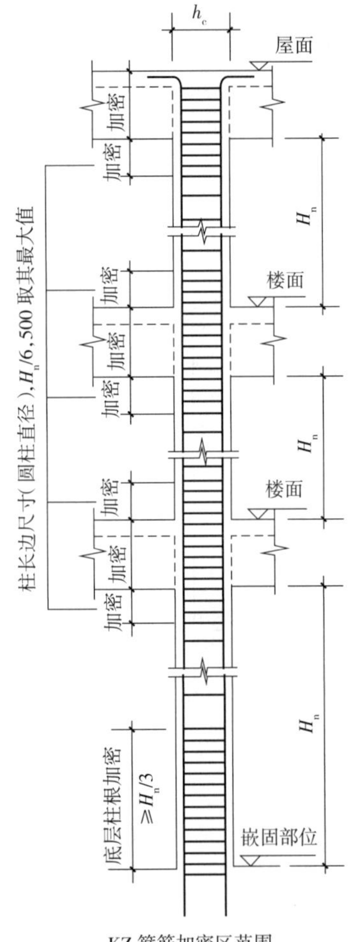

图 3.3.5　框架柱箍筋加密区示意图

①基础层根数=[（基础高度−基底保护层）/间距]−1（不少于2根）。

②首层根数。

a. 底部加密区高度 $H_n/3$，起步距离 50 mm，根数=[（加密区高度−50）/间距]+1。

b. 中间非加密区，根数={[$H_n-H_n/3-\max(H_c, H_n/6, 500)$]/间距}−1。

c. 顶部加密区，根数=[（梁高+max（H_c，H_n/6，500））/间距]+1。

③中间层、顶层根数。

a. 底部加密区高度 max（H_c，H_n/6，500），起步距离 50 mm，根数=[max（H_c，H_n/6，500）-50/间距]+1。

b. 中间非加密区，根数=[（H_n−2 × max（H_c，H_n/6，500））/间距]−1。

c. 顶部加密区，根数=[（梁高+max（H_c，H_n/6，500））/间距]+1。

6. 梁钢筋构造（以楼层框架梁为例）

（1）上部筋（通长筋、架立筋）。

1）端支座构造有弯锚、直锚、锚板三种情况，如图 3.3.6 所示。

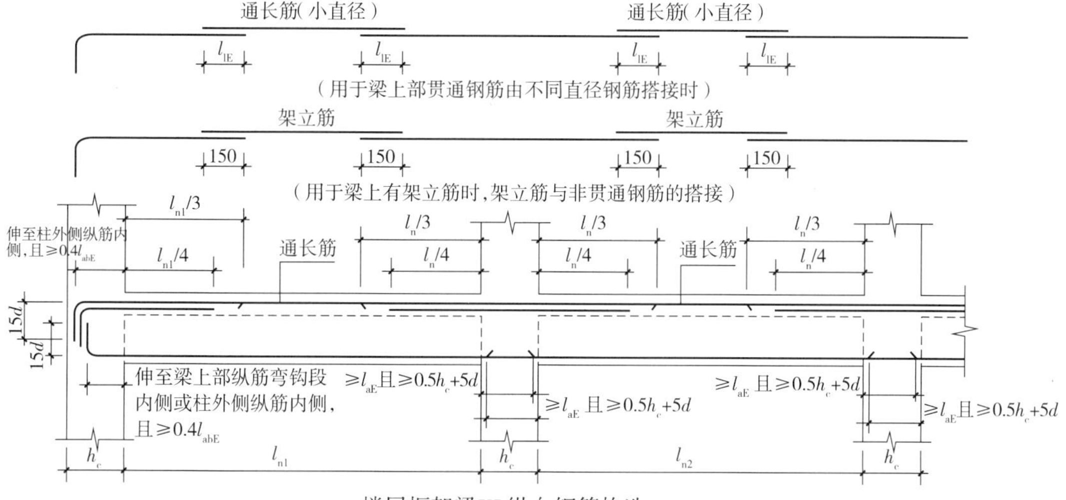

（a）

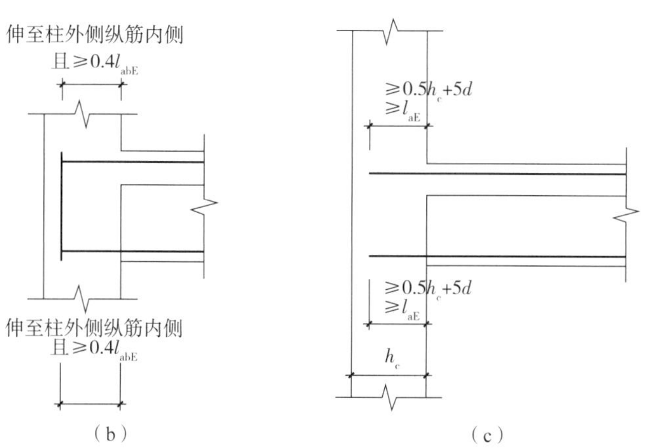

（b）　（c）

图 3.3.6　框架梁端支座构造示意图

（a）弯锚　（b）锚板　（c）直锚

注：（1）跨度值 l_n 为左跨 $l_{n,i}$ 和右跨 $l_{n,i+1}$ 的较大值，其中 i=1，2，3，…。

（2）h_c 为柱截面沿框架方向的高度。

①弯锚锚固长度 $h_c-c+15d$，如图 3.3.6（a）所示。

②加锚头（锚板），如图 3.3.6（b）所示。

③直锚锚固长度 $\max(l_{aE}, 0.5h_c+5d)$，如图 3.3.6（c）所示。

2）中间支座构造，如图 3.3.7 所示。

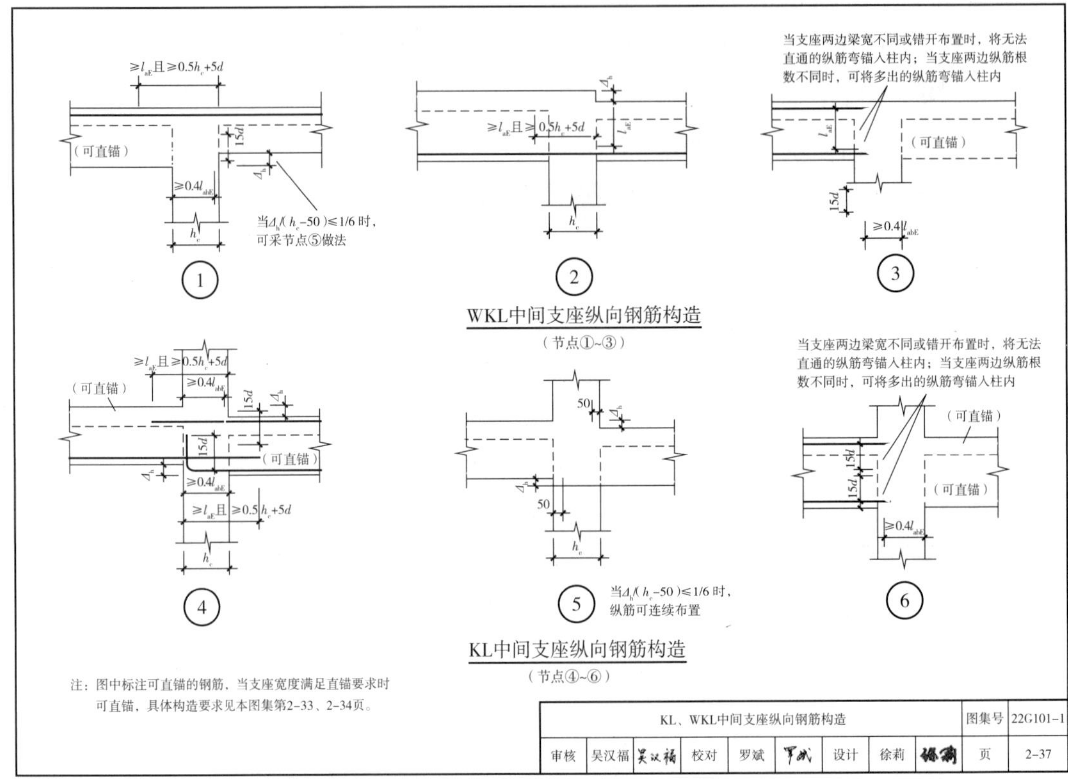

图 3.3.7　框架梁中间支座构造示意图

（2）下部通长筋。

下部通长筋的端支座、中间支座的构造同上部钢筋，悬挑端构造如图 3.3.8 所示。

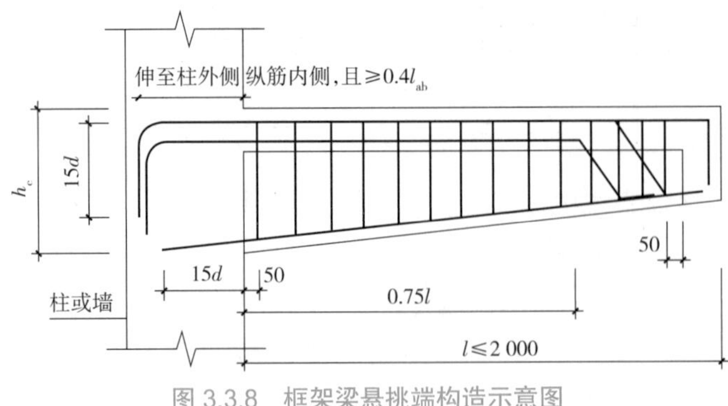

图 3.3.8　框架梁悬挑端构造示意图

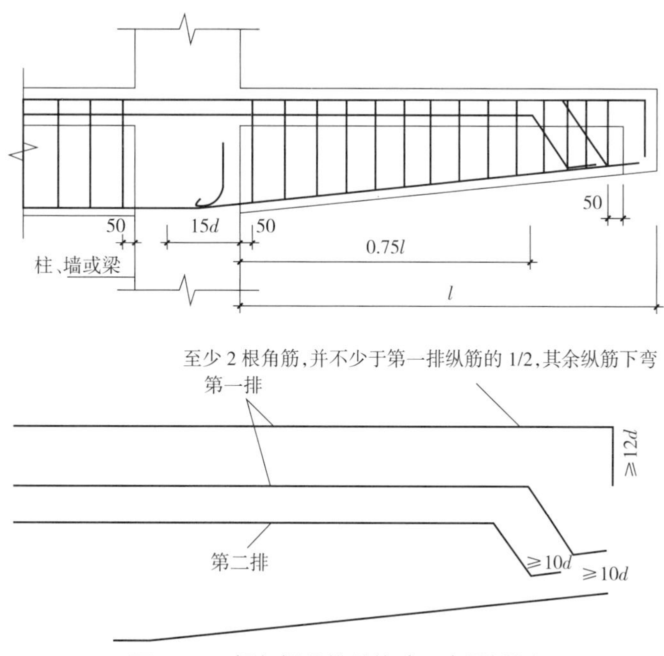

图 3.3.8　框架梁悬挑端构造示意图（续）

（3）侧面筋。

梁侧面纵向构造筋和拉筋构造如图 3.3.9 所示。

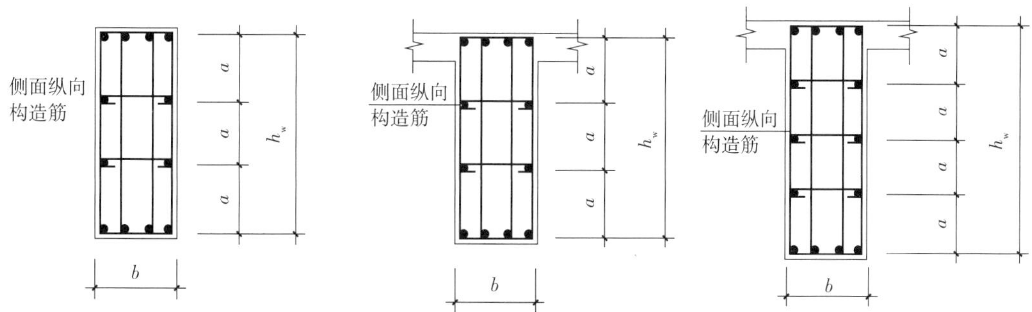

图 3.3.9　框架梁侧面纵向构造筋和拉筋构造示意图

注：（1）当 h_w≥450 mm 时，在梁的两个侧面应沿高度配置纵向构造钢筋，纵向构造钢筋间距 a≤200 mm。

（2）当梁侧面配有直径不小于构造纵筋的受扭纵筋时，受扭钢筋可以代替构造钢筋。

（3）梁侧面构造纵筋的搭接与锚固长度可取 15d。梁侧面受扭纵筋的搭接长度，框架梁为 l_{lE}，非框架梁为 l_l；锚固方式，框架梁同框架梁下部纵筋，非框架梁见图集第 2-40 页。

（4）当梁宽≤350 mm 时，拉筋直径为 6 mm；当梁宽>350 mm 时，拉筋直径为 8 mm。拉筋间距为非加密区箍筋间距的 2 倍。当设有多排拉筋时，上下两排拉筋竖向错开设置。

（4）支座负筋构造。

端支座、中间支座同上部贯通筋的构造，支座负筋延伸长度，第一排（上排）非通长筋及跨中直径不同的通长筋从柱（梁）边起伸出至 $l_n/3$ 位置；第二排（下排）非通长筋伸出至 $l_n/4$ 位置。l_n 的取值：端支座为本跨的净跨值，中间支座为支座两边较大一跨的净跨值，如图 3.3.6（a）所示。

(5)箍筋。

1)框架梁箍筋构造要求如图 3.3.10 所示。

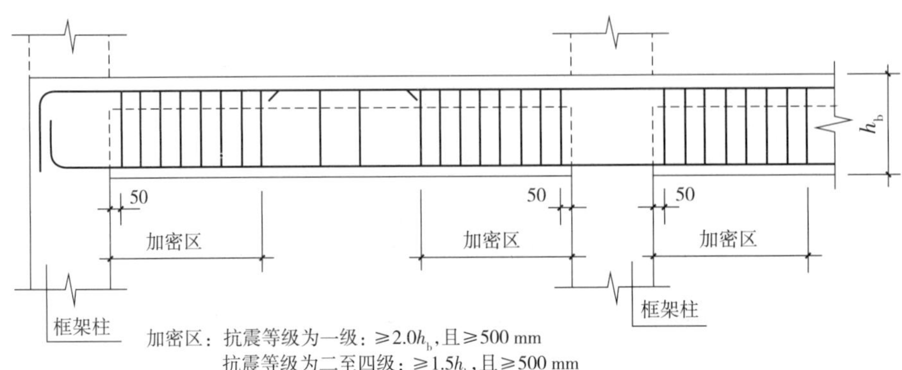

框架梁(KL、WKL)箍筋加密区范围(一)

(弧形梁沿梁中心线展开，箍筋间距沿凸面线量度，h_b 为梁截面高度)

图 3.3.10　框架梁箍筋构造示意图

2)附加箍筋范围和附加吊筋构造如图 3.3.11 所示。

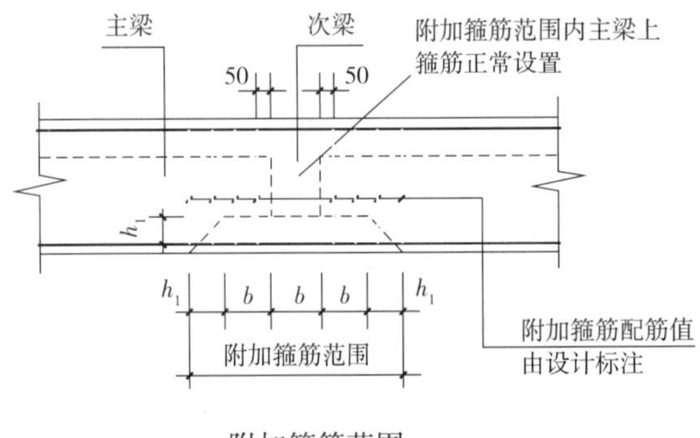

附加箍筋范围

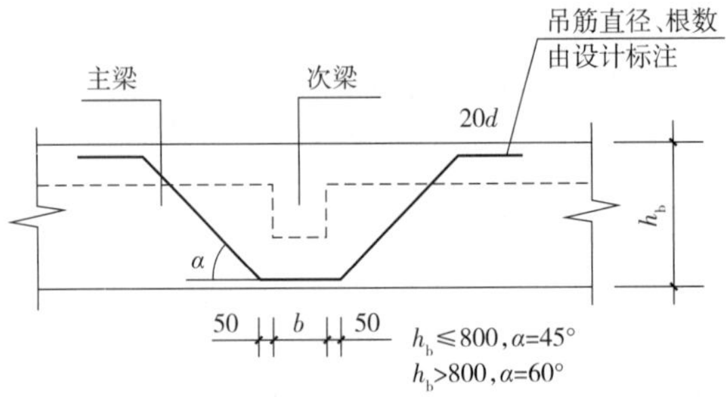

附加吊筋构造

图 3.3.11　附加箍筋范围和附加吊筋构造示意图

7. 板钢筋构造

常见的板钢筋端支座构造有普通楼面板、梁板式转换层楼面板、有梁楼盖楼面板 LB 和屋面板 WB 钢筋构造 3 种，如图 3.3.12 所示。

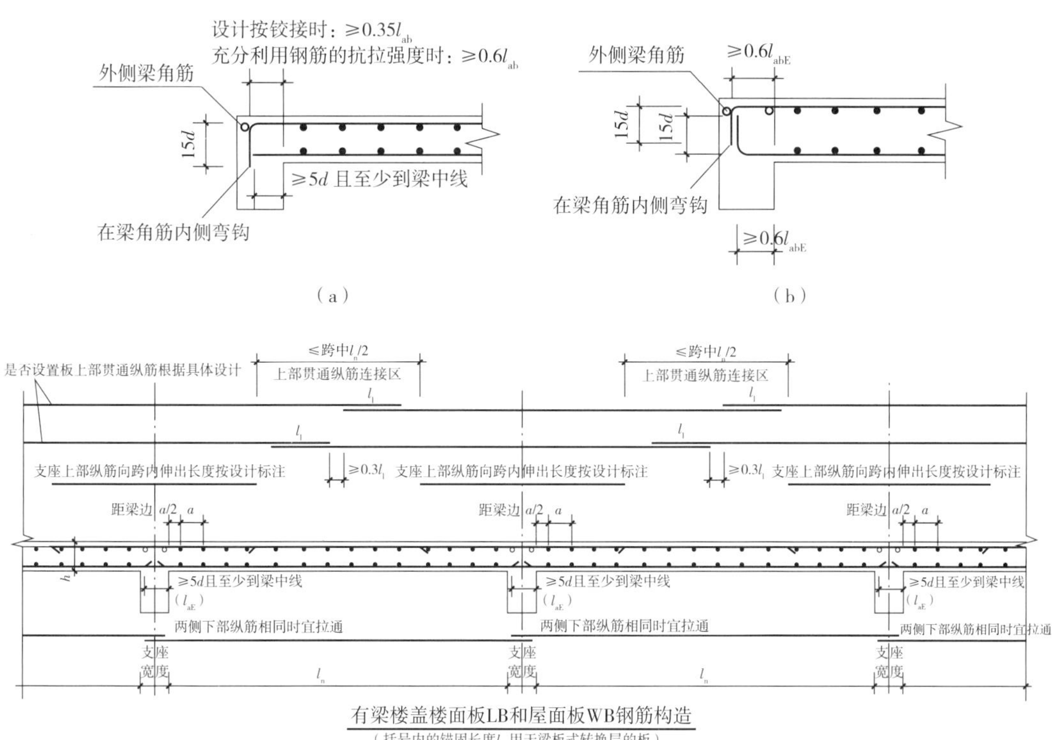

图 3.3.12　板钢筋构造示意图

（a）普通楼面板　（b）梁板式转换层楼面板　（c）有梁楼盖楼面板 LB 和屋面板 WB 钢筋构造

一般情况下，常用板钢筋计算公式如下。

（1）板底。

板底筋长=净跨长+两端锚固

端支座锚固长度=max（5d，b/2）

其中，b 为支座宽度，且中间支座锚固长度同端支座。

根数=[（净宽-两端起步距离）/板筋间距]+1

（2）板顶。

板顶筋长=净跨长+两端锚固

端支座锚固长度=伸入梁角筋内侧弯 15d

即（支座宽-c+15d），且中间支座锚固长度同端支座。

根数=[（净宽-两端起步距离）/板筋间距]+1

（3）支座负筋长度按设计计算。

端支座负筋锚固同顶部筋，起步距离，距板边 1/2 板筋间距。

根数=[(负筋布置范围-两端起步距离)/板筋间距]+1

分布筋根数=[(负筋平直段长-50 mm)/负筋间距]+1

分布筋的起步距离 50 mm(单侧)。

注意:光圆钢筋末端加 180° 弯钩。

8. 独立基础

(1)底板钢筋构造如图 3.3.13 所示(以锥形独立基础为例)。

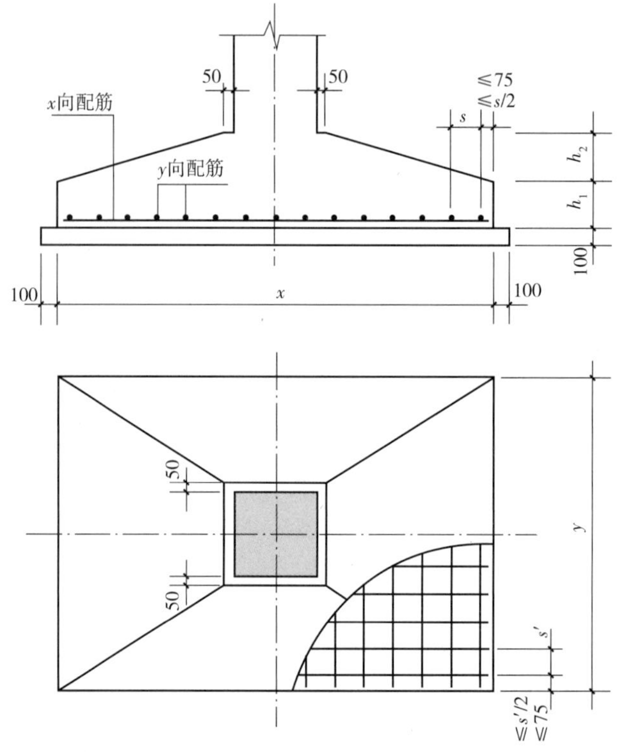

图 3.3.13　锥形独立基础底板钢筋构造示意图

(2)底板钢筋长度计算。

x 向钢筋长度=基础 x 方向长度-2c

x 向钢筋根数={[基础 y 方向长度-2×min(75,s/2)]/x 方向钢筋间距}+1

y 向钢筋长度=基础 y 方向长-2c

y 向钢筋根数={[基础 x 方向长度-2×min(75,s/2)]/y 方向钢筋间距}+1

(3)底板配筋长度减短 10%构造(以对称独立基础为例),如图 3.3.14 所示。

当独立基础底板长度≥2 500 mm 时,除外侧钢筋外,底板配筋长度可取相应方向底板长度的 90%,交错放置,四边最外侧钢筋不缩短。

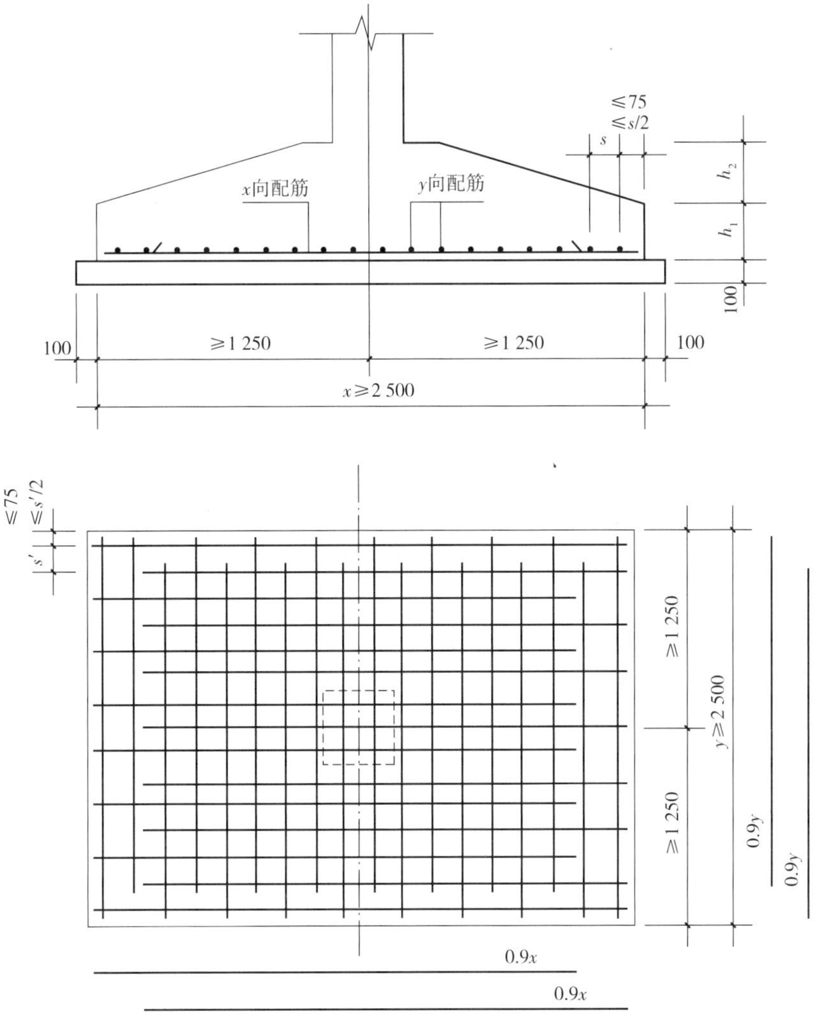

图 3.3.14　对称独立基础底板钢筋减短 10%构造示意图

3.3.3　任务小结

本任务介绍了钢筋工程工程量计算的方法。要求理解钢筋工程工程量计算的规则，理解框架结构主要构件的钢筋构造要求，能够计算简单构件的钢筋工程量，并熟练操作软件，能够运用软件计算钢筋工程的工程量。

3.3.4　知识拓展

1. 钢筋的连接方式

钢筋的连接方式如表 3-3-10 所示。

表 3-3-10　钢筋的连接方式

类型	机理	优点	缺点
绑扎搭接	利用钢筋与混凝土之间的黏结锚固作用实现传力	应用广泛，连接形式简单	对于直径比较大的钢筋，绑扎搭接长度较长，施工不方便，且连接区域容易发生过宽的裂缝
机械连接	利用钢筋与连接件的机械咬合作用或钢筋端面的承压作用实现钢筋连接	比较简单、可靠	机械连接接头连接件的混凝土保护层厚度及连接件间的横向净距离将减小
焊接连接	利用热熔金属实现钢筋连接	节省钢筋，接头成本低	焊接接头往往需人工操作，因而连接质量的稳定性较差

2. 钢筋连接区段长度

（1）同一连接区内纵向受拉钢筋绑扎搭接接头要求，如图 3.3.15 所示。

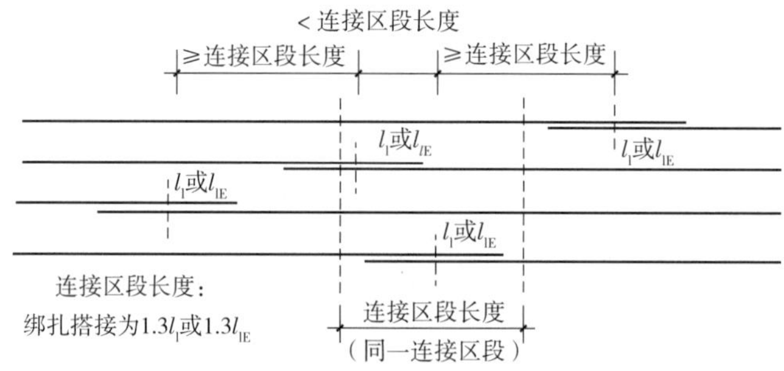

图 3.3.15　同一连接区内纵向受拉钢筋绑扎搭接接头要求

（2）同一连接区段内纵向受拉钢筋机械连接、焊接接头要求，如图 3.3.16 所示。

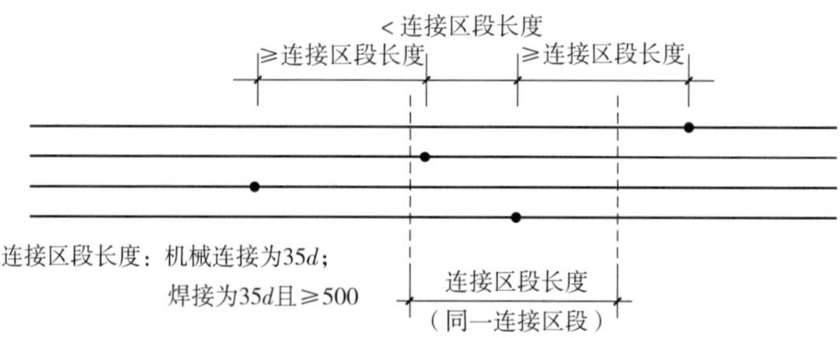

图 3.3.16　同一连接区段内纵向受拉钢筋机械连接、焊接接头要求

3. 钢筋预算长度和下料长度的区别

钢筋的预算长度是根据定额规则计算得到的，而施工下料长度则根据施工图纸、施工规范以及施工方法计算得到的。下料长度需要考虑钢筋之间的位置关系，例如梁柱交接处的位置以及钢筋连接的具体位置。而钢筋的预算长度仅考虑接头个数和搭接长度，而不考虑具体的位置。虽然两者之间的差别不大，但预算长度的计算要粗略一些，而下料长度的计算则更加精细。

3.3.5　岗课赛证

（1）（单选）柱的第一根箍筋距基础顶面的距离是（　　）。

A. 50 mm　　B. 100 mm　　C. 箍筋加密区间距　　D. 箍筋加密区间距/2

（2）（单选）当独立基础底板长度（　　）mm 时，除外侧钢筋外，底板配筋长度可取相应长度的 90%，交错放置。

A.≥2 500　　B.≥2 600　　C.≥2 700　　D.≥2 800

（3）（单选）基础内的第一根柱箍筋到基础顶面的距离是（　　）。

A.50 mm　　B.100 mm　　C.3*d*（*d* 为箍筋直径）　　D.5*d*（*d* 为箍筋直径）

任务 3.4　混凝土及钢筋混凝土工程清单计价

【知识目标】

（1）理解混凝土及钢筋混凝土工程综合单价构成内容。

（2）学会混凝土及钢筋混凝土工程工程量清单计价方法。

【能力目标】

（1）能够合理应用混凝土及钢筋混凝土工程计价定额。

（2）能够对混凝土及钢筋混凝土工程进行清单计价。

（3）能够运用软件编制混凝土及钢筋混凝土工程工程量清单计价文件。

【素养目标】

（1）培养积极向上的学习态度和工匠精神。

（2）培养团队意识，分工协作，提高效率，共同完成任务。

3.4.1　任务分析

编制工程量清单计价文件是工程造价从业人员应具备的基本能力。在招投标阶段常需要编制工程量清单、招标控制价、投标报价等。本任务的主要内容是根据混凝土及钢筋混凝土工程工程量清单项目的特征，使用定额项目进行清单计价。

3.4.2 相关知识

1.《建筑定额》关于混凝土及钢筋混凝土工程定额项目划分及应用的常见规定

（1）混凝土按常用强度等级考虑，设计强度等级不同时可以换算。

（2）独立桩承台执行独立基础项目，带形桩承台执行带形基础项目，与满堂基础相连的桩承台执行满堂基础项目。

（3）现浇钢筋混凝土柱、墙项目，均综合了每层底部灌注水泥砂浆的消耗量。地下室外墙执行直形墙项目。

（4）连梁执行相应直形墙定额。

（5）多肢混凝土墙墙厚≤0.3 m，最长肢长厚比≤4 执行异形柱，最长肢长厚比在 4~8 执行短肢剪力墙，最长肢截面高厚比>8 执行直形墙定额，墙肢长按墙肢中心线计算。

（6）屋面混凝土女儿墙单排配筋，厚度≤100 mm、高度≤1.2 m 时，执行栏板项目，否则执行相应厚度直形墙项目。

（7）雨篷上翻、挑檐、天沟按厚度≤100 mm、上翻高度≤400 mm 编制，400 mm<上翻高度≤1.2 m 时按上翻全高执行挑檐项目，上翻高度>400 mm 按全高执行栏板定额，上翻高度>1.2 m 项目执行相应混凝土墙定额。单件体积 0.1 m^3 以内，执行小型构件项目。

（8）阳台不包括阳台栏板及压顶内容，部分阳台板作为空调板使用，执行阳台板定额。

（9）楼梯按建筑物一个自然层双跑楼梯考虑，当设计混凝土平均厚度与定额平均厚不同时按实调整，定额人工、机械按相应比例调整。弧形楼梯是指一个自然层旋转弧度小于 180° 的楼梯；螺旋楼梯是指一个自然层旋转弧度大于 180° 的楼梯。

（10）散水混凝土按厚度 60 mm 编制，如设计厚度不同可以换算；散水包括混凝土浇筑、表面压实抹光及嵌缝内容，不包括基础夯实、垫层内容。

（11）台阶混凝土含量按 1.22 m^3/10 m^2 综合编制，如设计含量不同可以换算；台阶包括混凝土浇筑及养护内容，不包括基础夯实、垫层及面层装饰内容。

（12）钢筋工程按钢筋的不同品种和规格，以现浇构件、预制构件、预应力构件及箍筋分别列项，钢筋的品种、规格比例按常规工程设计综合考虑。

（13）各类钢筋、铁件定额含量包括制作、安装损耗及非定尺搭接；定尺搭接、设计要求的锚固及搭接按规定计算。直径 25 mm 以上的钢筋连接按机械连接考虑。电渣压力焊接头 ϕ18 mm、ϕ32 mm 按定额相应项目执行，ϕ12 mm、ϕ14 mm、ϕ16mm、ϕ20 mm、ϕ22 mm 按 ϕ18 mm 定额项目分别乘以系数 0.7、0.8、0.9、1.1、1.2 执行；ϕ25 mm、ϕ28 mm 按 ϕ32 mm 定额项目分别乘以系数 0.85、0.93 执行。

（14）钢筋工程中措施钢筋按设计图纸规定及施工验收规范要求计算，按品种、规格执行相应项目。

2. 混凝土及钢筋混凝土工程定额项目的套用方法

当施工图的设计要求与定额项目内容一致时，可以直接套用。一般情况下，大多数的项目可以直接套用定额。套用定额一般遵循以下三个原则。

（1）根据设计图纸的相关内容选择合理的定额项目。以混凝土工程为例，根据构件施工方法初步确定是现浇构件还是预制构件。

（2）根据混凝土构件类型选择合理的定额项目，如是基础、柱，还是梁、板等。

（3）根据定额中更细致的分类选择合理的定额项目，如同样是柱，是矩形柱还是构造柱，是异形柱还是圆形柱，需要根据不同情况确定具体定额项目。

3. 混凝土及钢筋混凝土工程中常见的定额项目

混凝土及钢筋混凝土工程中常见的定额项目如表3-4-1所示。

表3-4-1 混凝土及钢筋混凝土工程中常见的定额项目

单位工程预算书

工程名称：建筑工程

序号	定额编号	子目名称	工程量		价值		其中（元）	
			单位	数量	单价	合价	人工费	材料费
1	A5-0001	现浇混凝土　基础垫层	m^3		484.18			
2	A5-0002	现浇混凝土　垫层　无筋	m^3		393.37			
3	A5-0003	现浇混凝土　垫层　有筋	m^3		599.74			
4	A5-0005	现浇混凝土　带形基础　混凝土	m^3		458.93			
5	A5-0008	现浇混凝土　独立基础　钢筋混凝土	m^3		467.1			
6	A5-0009	现浇混凝土　杯形基础	m^3		452.25			
7	A5-0010	现浇混凝土　满堂基础　有梁式	m^3		456.4			
8	A5-0014	现浇混凝土　矩形柱	m^3		544.23			
9	A5-0015	现浇混凝土　构造柱	m^3		582.96			
10	A5-0016	现浇混凝土　异形柱	m^3		552.57			
11	A5-0020	现浇混凝土　基础梁	m^3		496.05			
12	A5-0023	现浇混凝土　圈梁	m^3		573.47			
13	A5-0024	现浇混凝土　过梁	m^3		599.89			
14	A5-0026	现浇混凝土　直形墙混凝土	m^3		491.13			
15	A5-0027	现浇混凝土　短肢剪力墙	m^3		498.1			
16	A5-0029	现浇混凝土　电梯井壁	m^3		493.07			
17	A5-0031	现浇混凝土　有梁板	m^3		500			
18	A5-0032	现浇混凝土　无梁板	m^3		484.52			
19	A5-0038	现浇混凝土　栏板	m^3		568.95			
20	A5-0041	现浇混凝土　天沟、挑檐板	m^3		580.57			
21	A5-0042	现浇混凝土　雨篷板	m^3		570.07			

续表

序号	定额编号	子目名称	工程量		价值		其中(元)	
			单位	数量	单价	合价	人工费	材料费
22	A5-0046	现浇混凝土　楼梯　直形	m^2		142.56			
23	A5-0047	现浇混凝土　楼梯　弧形	m^2		129.68			
24	A5-0049	现浇混凝土　散水	m^2		54.59			
25	A5-0050	现浇混凝土　台阶	m^2		70.26			
26	A5-0053	现浇混凝土　压顶	m^3		624.89			
27	A5-0057	现浇混凝土　小型构件	m^3		693.13			
28	A5-0129	现浇构件钢筋制安　圆钢筋 HPB300　直径≤10 mm	t		4 762.05			
29	A5-0130	现浇构件钢筋制安　圆钢筋 HPB300　直径≤18 mm	t		4 458.99			
30	A5-0133	现浇构件钢筋制安　带肋钢筋 HRB400 以内　直径≤10 mm	t		4 569.44			
31	A5-0134	现浇构件钢筋制安　带肋钢筋 HRB400 以内　直径≤18 mm	t		4 519.26			
32	A5-0157	箍筋制安　圆钢筋 HPB300　直径≤10 mm	t		5 701.84			
33	A5-0189	电渣压力焊接头　直径≤18 mm	个		1.85			
34	A5-0194	直螺纹钢筋接头　直径≤20 mm	个		14.52			
35	A5-0206	植筋　钢筋　直径≤14 mm	个		3.8			

4. 混凝土及钢筋混凝土工程清单综合单价构成

一般来说，混凝土及钢筋混凝土工程项目的定额编号相对其他项目较为容易确定，可以直接套用定额。以例题 3.1.1 为例，根据清单项目的特征，选择合适的定额，注意定额的内容是否与实际情况相符(例如混凝土强度等级)，如果不符需要进行换算。各清单项目的综合单价分析表如表 3-4-2 所示。

由表 3-4-2 可知，钢筋混凝土独立基础(未含模板)综合单价为 532.48 元/m^3，其中人工费 54.74 元/m^3，材料费 458.36 元/m^3，机械费 0.1 元/m^3，管理费 9.33 元/m^3，利润 9.95 元/m^3；清单工程量 9.8 m^3，项目合价 5 218.30 元；矩形柱(钢筋混凝土框架柱，未含模板)综合单价为 649.03 元/m^3，其中人工费 146.02 元/m^3，材料费 451.61 元/m^3，管理费 24.85 元/m^3，利润 26.55 元/m^3；清单工程量 11.5 m^3，项目合价 7 463.85 元。

同学们可以尝试列出表 3-4-2 中钢筋项目的单价构成。

表 3-4-2　清单项目的综合单价分析表

分部分项工程和单价措施项目清单综合单价分析表

工程名称:建筑工程

序号	编码	清单/定额名称	单位	数量	综合单价(元)	其中					合价(元)
						人工费	材料费	机械费	管理费	利润	
1	010501003001	独立基础	m^3	9.8	532.48	54.74	458.36	0.1	9.33	9.95	5 218.3
	A5-0008　换	现浇混凝土　独立基础　钢筋混凝土　换为【预拌混凝土 C30】	10 m^3	0.98	5 324.88	547.4	4 583.64	0.99	93.32	99.53	5 218.38
2	010502001001	矩形柱	m^3	11.5	649.03	146.02	451.61		24.85	26.55	7 463.85
	A5-0014　换	现浇混凝土　矩形柱　换为【预拌混凝土 C30】	10 m^3	1.15	6 490.24	1 460.17	4 516.09		248.49	265.49	7 463.78
3	010515001001	现浇构件钢筋	t	0.549	5 140.6	936.65	3 768.1	91.34	174.21	170.3	2 822.19
	A5-0134	现浇构件钢筋制安　带肋钢筋 HRB400 以内　直径≤18 mm	t	0.549	5 140.6	936.65	3 768.1	91.34	174.21	170.3	2 822.19

3.4.3　任务小结

本任务主要介绍混凝土及钢筋混凝土工程工程量清单计价的方法,要求学会根据清单项目的特征内容套用计价定额,并根据实际需要进行定额换算。同时,要能够完成混凝土及钢筋混凝土工程工程量清单计价工作,并理解混凝土及钢筋混凝土工程综合单价的构成。

3.4.4　知识拓展

不同版本的《建筑定额》关于矩形柱和有梁板定额项目的划分是不同的。在 2014 版《建筑定额》中,根据柱周长的不同,现浇矩形柱被划分为 3 个定额项目,在编制清单过程中,需要针对不同的柱周长编制不同的清单项目,并在清单项目特征中予以描述,如表 3-4-3 所示。在 2014 版《建筑定额》中,现浇混凝土有梁板被划分为 2 个定额项目,在编制清单时需要针对不同厚度的有梁板编制不同的清单,并在项目特征中予以描述,如表 3-4-4 所示。

在 2019 版《建筑定额》中,现浇矩形柱和现浇混凝土有梁板定额项目的划分就比较简单,并未区分不同的周长和不同的板厚,使清单的编制工作更加便捷,且减少了工作量。

表 3-4-3　2014 版《建筑定额》现浇矩形柱定额项目划分

矩形柱						
工程内容：混凝土水平运输；混凝土搅拌、捣固、养护。						单位：10 m³
定额编号				A4-0018	A4-0019	A4-0020
项目名称				现浇矩形柱周长		
				1.2 m 以内	1.8 m 以内	1.8 m 以外
				混凝土		
基价				4 676.95	4 544.98	4 387.56
其中	人工费			1 752.77	1 640.41	1 494.15
	材料费			2 677.17	2 657.56	2 646.40
	机械费			247.01	247.01	247.01
名称		单位	单价（元）	数量		
人工	综合工日	工日	105.00	16.693	15.623	14.230
材料	低流动性混凝土　碎石 40　C25	m³	250.36	9.860	9.860	9.860
	水泥砂浆 1 : 2	m³	297.74	0.310	0.310	0.310
	塑料薄膜	m²	0.90	6.540	5.660	4.150
	水	m³	9.00	12.270	10.180	9.090
机械	机动翻斗车　1 t	台班	189.52	0.624	0.624	0.624
	混凝土搅拌机　400 L	台班	223.08	0.504	0.504	0.504
	灰浆搅拌机　200 L	台班	126.15	0.032	0.032	0.032
	混凝土振捣器　插入式	台班	12.28	1.000	1.000	1.000

表 3-4-4　2014 版《建筑定额》现浇混凝土有梁板定额项目划分

有梁板					
工程内容：混凝土水平运输；混凝土搅拌、捣固、养护。					单位：10 m³
定额编号				A4-0037	A4-0038
项目名称				现浇有梁板	
				100 mm 以内	100 mm 以外
				混凝土	
基价				3 794.1	3 681.98
其中	人工费			1 063.65	973.77
	材料费			2 486.74	2 464.50
	机械费			243.71	243.71
名称		单位	单价（元）	数量	
人工	综合工日	工日	105.00	10.130	9.274
材料	低流动性混凝土　碎石 40　C20	m³	228.99	10.150	10.150
	塑料薄膜	m²	0.90	46.240	35.430
	水	m³	9.00	13.430	12.040
机械	机动翻斗车　1 t	台班	189.52	0.624	0.624
	混凝土搅拌机　400 L	台班	223.08	0.504	0.504
	混凝土振捣器　插入式	台班	12.28	0.504	0.504
	混凝土振捣器　平板式	台班	13.55	0.504	0.504

3.4.5　岗课赛证

（1）熟悉《建筑定额》混凝土及钢筋混凝土工程定额项目的构成内容，包括定额编号、项目名称、定额计价、人材机组成等。

（2）（单选）BIM（Building Information Modeling）的中文含义是（　　）。

A. 建筑信息模型　　B. 建筑模型信息　　C. 建筑信息模型化　　D. 建筑模型信息化

实训3 （实验楼）混凝土及钢筋混凝土工程工程量清单计价

班级：　　　　姓名：　　　　　组长：　　　　　　　　　年　　月　　日

【实训内容】

（1）编制实验楼混凝土及钢筋混凝土工程工程量清单。
（2）进行实验楼混凝土及钢筋混凝土工程工程量计算。
（3）完成实验楼混凝土及钢筋混凝土工程工程量清单计价。

【实训目标】

（1）掌握编制实验楼混凝土及钢筋混凝土工程工程量清单的方法。
（2）能够使用算量软件计算实验楼混凝土工程量。
（3）能够使用算量软件计算实验楼钢筋工程量。
（4）学会编制实验楼混凝土及钢筋混凝土工程工程量清单计价文件。
（5）学会计价软件的操作方法，能够按要求导出报表。
（6）使用软件完成实验楼混凝土及钢筋混凝土工程分部分项工程量清单计价，并按要求提交文件。

【课时分配】

______课时。

【工作情境】

小周是某施工企业的一名工程师，主要负责投标工作。目前，他承接了一个实验楼项目的投标报价工作，负责处理混凝土及钢筋混凝土工程部分，需要根据招标工程量清单完成清单计价。

【准备工作】

仔细阅读实验楼施工图，完成下列工作。
（1）结构类型为______________，抗震设防烈度为__________，抗震等级为________。
（2）主体结构混凝土强度等级：柱为______；梁为______；板为______；基础为______。
（3）基础类型______________，基础底标高______ m。
（4）钢筋类型有____。
（5）描述KZ1钢筋信息：____。
（6）描述KL1的集中标注内容：____________________、________________________。

(7)LB1 的板厚______mm,板顶标高________ m,受力筋信息为______________ 。

(8)基础个数______,底板钢筋信息____________________________________ 。

(9)根据《规范》,尝试写出实验楼混凝土及钢筋混凝土工程清单项目名称:________、________。

(10)选择一个混凝土及钢筋混凝土工程的清单名称________________ ,并根据《规范》规定描述其项目特征____。

(11)熟悉《建筑定额》,选择一个混凝土及钢筋混凝土工程中的定额项目:定额编号__________、项目名称______________、定额计量单位__________、定额基价____________,其中人工费_____________,材料费_______________,机械费________________。

【实训流程】

(1)运行软件,计算框架柱钢筋及混凝土工程量。

1)定义柱构件,输入截面尺寸、钢筋信息。

2)绘制图元(点布置、智能布置、对齐、截面尺寸标注、镜像、复制、移动、旋转等)。

3)计算汇总,查询工程量:体积 V=______m^3,钢筋量________t。

(2)运行软件,计算框架梁钢筋及混凝土工程量

1)定义梁构件,输入梁截面、钢筋集中标注信息。

2)绘制图元(直线布置、智能布置、对齐、镜像、复制、移动等),标注原位标注。

3)计算汇总,查询工程量:钢筋量________t。

(3)运行软件,计算楼板钢筋及混凝土工程量。

1)定义板构件,输入板厚,绘制板构件(点布置、智能布置、复制、镜像等)。

2)绘制板受力筋、分布筋(点布置、智能布置、受力筋、分布筋、镜像、复制等)。

3)计算汇总,查询工程量,有梁板体积______m^3,楼板钢筋量________t。

(4)运行软件,计算基础钢筋及混凝土工程量。

1)定义基础构件,输入基础尺寸、基础标高及钢筋信息。

2)绘制基础构件(点布置、智能布置、复制、镜像等)。

3)计算汇总,查询工程量,基础体积______m^3,基础钢筋量________t。

(5)运行计价软件,进入分部分项页面,根据《规范》规定,结合实验楼施工图内容,查询混凝土及钢筋混凝土工程相应清单项目名称,编制工程量清单。

(6)准确描述每个清单项目特征,输入工程量。

(7)依据项目特征,查询定额项目,结合定额工程内容,合理选择定额编号,进行清单组价,注意计量单位。

(8)材料及混凝土强度等级不同时,注意换算。

(9)组内讨论交流,互相检查,核对项目特征描述、工程量、综合单价及合价等内容,能够发现问题并及时解决。

【实训成果】

(1)完成混凝土及钢筋混凝土工程清单项目编制、工程量计算以及清单计价。

分部分项工程和单价措施项目清单与计价表

工程名称:

序号	项目编码	项目名称	项目特征描述	计量单位	工程量	金额(元)		
						综合单价	合价	其中 暂估价

(2)提交工程计量文件,文件名为“班级+姓名+实训 3+计量文件”。

(3)导出混凝土及钢筋混凝土工程工程量(Excel 形式)并提交,文件名为“班级+姓名+实训 3+工程量”。

(4)提交计价文件,文件名为“班级+姓名+实训 3+计价文件”。

(5)导出分部分项工程和单价措施项目清单综合单价分析表,并提交 Excel 文件,文件名为“班级+姓名+实训 3+分析表”。

【个人体会】

通过本实训,我学会了:

(1)

(2)

(3)

【任务评价】

实训效果评价	自评	组评	师评
(1)实训步骤是否清晰(15 分)			
(2)构件基本信息是否准确(15 分)			
(3)图元布置是否准确(15 分)			
(4)是否认真、主动学习(20 分)			
(5)是否有团队意识(20 分)			
(6)是否具有创新精神(15 分)			
小计考核分数(自评 30%、组评 30%、师评 40%)			
综合成绩			

项目 4　屋面及防水工程计量计价

任务 4.1　屋面及防水工程工程量清单编制

【知识目标】

（1）理解屋面及防水工程工程量清单项目设置依据。
（2）掌握屋面及防水工程工程量清单编制方法。

【能力目标】

（1）能够根据《规范》要求及施工图内容设置屋面及防水工程清单项目名称。
（2）能够准确描述屋面及防水工程清单项目特征。
（3）能够运用造价软件编制屋面及防水工程工程量清单。

【素养目标】

（1）积极参与小组讨论，共同研讨确定屋面及防水工程清单项目名称。
（2）培养敬业精神、协作能力。

4.1.1　任务分析

工程量清单是工程量清单计价的基础，工程量清单的编制是工程造价从业人员应具备的基本能力。本任务主要包括以下三方面内容。

（1）理解屋面及防水工程清单项目名称设置依据。
（2）学会屋面及防水工程清单项目特征描述方法。
（3）能够运用造价软件编制屋面及防水工程工程量清单。

4.1.2　相关知识

1. 屋面及防水工程中常见的清单项目

根据《规范》，屋面及防水工程中常见的清单项目名称如表 4-1-1 至表 4-1-3 所示。在编制工程量清单时，可根据图纸内容，选择相应项目编码、项目名称和计量单位，并结合项目特征描述要求准确描述拟编制清单的项目特征。

（1）瓦、型材及其他屋面（表 4-1-1）。

表 4-1-1　瓦、型材及其他屋面

项目编码	项目名称	项目特征	计量单位	工程量计算规则	工作内容
010901001	瓦屋面	1. 瓦品种、规格 2. 黏结层砂浆的配合比	m^2	按设计图示尺寸以斜面积计算	1. 砂浆制作、运输、摊铺、养护 2. 安瓦、作瓦脊
010901002	型材屋面	1. 型材品种、规格 2. 金属檩条材料品种、规格 3. 接缝、嵌缝材料种类			1. 檩条制作、运输、安装 2. 屋面型材安装 3. 接缝、嵌缝
010901003	阳光板屋面	1. 阳光板品种、规格 2. 骨架材料品种、规格 3. 接缝、嵌缝材料种类 4. 油漆品种、刷漆遍数	m^2	按设计图示尺寸以斜面积计算	1. 骨架制作、运输、安装、刷防护材料、油漆 2. 阳光板安装 3. 接缝、嵌缝

（2）屋面防水及其他（表 4-1-2）。

表 4-1-2　屋面防水及其他

项目编码	项目名称	项目特征	计量单位	工程量计算规则	工作内容
010902001	屋面卷材防水	1. 卷材品种、规格、厚度 2. 防水层数种类 3. 防水层做法	m^2	按设计图示尺寸以斜面积计算	1. 基层处理 2. 刷底油 3. 铺油毡卷材、接缝
010902003	屋面刚性层	1. 刚性层厚度 2. 混凝土种类 3. 混凝土强度等级 4. 嵌缝材料种类 5. 钢筋规格、型号	m^2	按设计图示尺寸以斜面积计算	1. 基层处理 2. 混凝土制作、运输、铺筑、养护 3. 钢筋制安
010902004	屋面排水管	1. 排水管品种、规格 2. 雨水斗、山墙出水口品种、规格 3. 接缝、嵌缝材料种类 4. 油漆品种、刷漆遍数	m	按设计图示尺寸以长度计算，如设计未标注尺寸，以檐口至设计室外散水上表面垂直距离计算	1. 排水管及配件安装、固定 2. 雨水斗、山墙出水口、雨水篦子安装 3. 接缝、嵌缝 4. 刷漆
010902007	屋面天沟、檐沟	1. 材料品种、规格 2. 接缝、嵌缝材料种类	m^2	按设计图示尺寸以展开面积计算	1. 天沟材料铺设 2. 天沟配件安装 3. 接缝、嵌缝 4. 刷防护材料
010902008	屋面变形缝	1. 嵌缝材料种类 2. 止水带材料种类 3. 盖缝材料 4. 防护材料种类	m	按设计图示以长度计算	1. 嵌缝 2. 填塞防水材料 3. 止水带安装 4. 盖缝制作安装 5. 刷防护材料

(3)墙面、楼(地)面防水、防潮工程(表 4-1-3)。

表 4-1-3　墙面、楼(地)面防水、防潮工程

项目编码	项目名称	项目特征	计量单位	工程量计算规则	工作内容
010903001	墙面卷材防水	1. 卷材品种、规格、厚度 2. 防水层数、种类 3. 防水层做法	m^2	按设计图示尺寸以面积计算	1. 基层处理 2. 刷黏结剂 3. 铺防水卷材 4. 接缝、嵌缝
010903003	墙面砂浆防水(防潮)	1. 防水层做法 2. 砂浆层厚度、配合比 3. 钢丝网规格			1. 基层处理 2. 挂钢丝网片 3. 设置分隔缝 4. 砂浆制作、运输、摊铺、养护
010903004	墙面变形缝	1. 嵌缝材料种类 2. 止水带材料种类 3. 盖缝材料 4. 防护材料种类	m	按设计图示以长度计算	1. 嵌缝 2. 填塞防水材料 3. 止水带安装 4. 刷防护材料
010904001	楼(地)面卷材防水	1. 卷材品种、规格、厚度 2. 防水层数 3. 防水层做法 4. 翻边高度	m^2	按设计图示以面积计算 楼(地)面防水翻边高度≤300 mm 算作地面防水,翻边高度>300 mm 按墙面防水计算	1. 基层处理 2. 刷黏结剂 3. 铺防水卷材 4. 接缝、嵌缝
010904003	楼(地)面砂浆防水(防潮)	1. 防水层做法 2. 砂浆层厚度、配合比 3. 翻边高度			1. 基层处理 2. 砂浆制作、运输、摊铺、养护
010904004	楼(地)面变形缝	1. 嵌缝材料种类 2. 止水带材料种类 3. 盖缝材料 4. 防护材料种类	m	按设计图示以长度计算	1. 清缝 2. 填塞防水材料 3. 止水带安装 4. 盖缝制作、安装 5. 刷防护材料

2.《规范》关于屋面及防水工程清单项目划分的常见规定

(1)瓦屋面若是在木基层上铺瓦,项目特征不必描述黏结层砂浆的配合比,瓦屋面铺设防水层按屋面防水及其他中相关项目编码列项。

(2)屋面刚性层无钢筋,其钢筋项目特征不必描述。

(3)屋面找平层按《规范》附录楼地面装饰工程中“平面砂浆找平层”项目编码列项。

(4)屋面保温找坡层按《规范》附录保温、隔热、防腐工程中“保温隔热屋面”项目编码列项。

(5)墙防水搭接及附加层用量不另行计算,在综合单价中考虑。

(6)墙面变形缝若做双面,工程量乘以系数 2。

(7)墙面找平层按《规范》附录墙、柱面装饰与隔断工程中“立面砂浆找平层”项目编码列项。

(8)楼(地)面防水找平层按《规范》附录楼地面装饰工程中“平面砂浆找平层”项目编

码列项。

例题 4.1.1

已知某建筑物屋面做法如表 4-1-4 所示，屋面工程量为 1 000 m^2，试编制屋面及防水工程工程量清单。

表 4-1-4　屋面工程做法

名称	工程做法
屋-2：瓦屋面	1. 水泥瓦 2. 1∶3 水泥砂浆卧瓦层 3. 4 mm 厚 SBS 改性沥青防水卷材 4. 20 mm 厚 1∶3 水泥砂浆找平层 5. 钢筋混凝土板

根据上述条件，确定清单项目有瓦屋面、屋面卷材防水、平面砂浆找平层，依据题意分别描述项目特征，填写工程量，编制工程量清单，如表 4-1-5 所示。

表 4-1-5　例题 4.1.1 表

分部分项工程和单价措施项目清单与计价表

工程名称：建筑工程

序号	项目编码	项目名称	项目特征描述	计量单位	工程量	金额（元）		
						综合单价	合价	其中 暂估价
1	010901001001	瓦屋面	1. 瓦品种、规格：水泥瓦 2. 黏结层砂浆的配合比：1∶3 水泥砂浆卧瓦层	m^2	1 000			
2	010902001001	屋面卷材防水	卷材品种、规格、厚度：4 mm 厚 SBS 改性沥青防水卷材	m^2	1 000			
3	011101006001	平面砂浆找平层	找平层厚度、砂浆配合比：20 mm 厚 1∶3 水泥砂浆找平层	m^2	1 000			

4.1.3　任务小结

本任务的主要目标是理解屋面及防水工程工程量清单设置依据，掌握编制屋面及防水工程工程量清单的方法，学会确定工程量清单项目名称，并准确描述工程量清单项目特征以及填写工程量，能够运用造价软件完成屋面及防水工程工程量清单的编制。

4.1.4　知识拓展

1. 保温隔热工程清单项目

根据《规范》,保温隔热工程中常见清单项目如表 4-1-6 所示。

表 4-1-6　保温、隔热工程中常见清单项目

<table>
<tr><th>项目编码</th><th>项目名称</th><th>项目特征</th><th>计量单位</th><th>工程量计算规则</th><th>工作内容</th></tr>
<tr><td>011001001</td><td>保温隔热屋面</td><td>1. 保温隔热材料品种、规格、厚度
2. 隔汽层材料品种、厚度
3. 黏结层材料种类、做法
4. 防护材料种类、做法</td><td rowspan="5">m^2</td><td>按设计图示尺寸以面积计算</td><td rowspan="2">1. 基层清理
2. 刷黏结材料
3. 铺粘保温层
4. 铺、刷(喷)防护材料</td></tr>
<tr><td>011001002</td><td>保温隔热天棚</td><td>1. 保温隔热面层材料品种、规格、性能
2. 保温隔热材料品种、规格、厚度
3. 黏结材料种类、做法
4. 防护材料种类、做法</td><td>按设计图示尺寸以面积计算</td></tr>
<tr><td>011001003</td><td>保温隔热墙面</td><td rowspan="2">1. 保温隔热部位
2. 保温隔热方式
3. 踢脚线、勒脚线保温做法
4. 龙骨材料品种、规格
5. 保温隔热面层材料品种、规格、性能
6. 保温隔热材料品种、规格、厚度
7. 增强网及抗裂防水砂浆种类
8. 黏结材料种类、做法
9. 防护材料种类、做法</td><td>按设计图示尺寸以面积计算</td><td rowspan="2">1. 基层清理
2. 刷界面剂
3. 安装龙骨
4. 粘贴保温材料
5. 保温板安装
6. 黏结面层
7. 铺设增强格网,抹抗裂、防水砂浆面层
8. 嵌缝
9. 铺、刷(喷)防护材料</td></tr>
<tr><td>011001004</td><td>保温柱、梁</td><td>按设计图示尺寸以面积计算</td></tr>
<tr><td>011001005</td><td>保温隔热楼地面</td><td>1. 保温隔热部位
2. 保温隔热材料品种、规格、厚度
3. 隔汽层材料品种、厚度
4. 黏结层材料种类、做法
5. 防护材料种类、做法</td><td>按设计图示尺寸以面积计算</td><td>1. 基层处理
2. 刷黏结材料
3. 铺粘保温层
4. 铺、刷(喷)防护材料</td></tr>
</table>

2.《规范》关于保温隔热工程项目划分的常见规定

(1)保温隔热装饰面层按《规范》中相关项目编码列项;仅做找平层按楼地面装饰工程中“平面砂浆找平层”或墙柱面装饰与隔断幕墙工程中“立面砂浆找平层”项目编码列项。

(2)池槽保温隔热应按其他保温隔热项目编码列项。

(3)保温隔热方式指内保温、外保温、夹心保温。

(4)屋面保温找坡层按《规范》保温、隔热、防腐工程中“保温隔热屋面”项目编码列项。

4.1.5 岗课赛证

(1)熟悉《规范》中屋面及防水工程清单项目相关内容,包括项目编码、项目名称、项目特征、计量单位、工作内容。

(2)(多选)根据《规范》,下列对于屋面及防水工程描述正确的是(　　)。

A. 瓦屋面铺设防水层,按屋面防水及其他中相关项目编码列项

B. 屋面刚性层无钢筋,其钢筋项目特征不必描述

C. 屋面找平层按楼地面装饰工程中"平面砂浆找平层"项目编码列项

D. 屋面保温找坡层按保温、隔热、防腐工程中"保温隔热屋面"项目编码列项

任务 4.2　屋面及防水工程工程量计算

【知识目标】

(1)理解屋面及防水工程工程量计算规则。

(2)学会屋面及防水工程工程量计算方法。

【能力目标】

(1)能够运用工程量计算规则计算屋面及防水工程工程量。

(2)能够完成屋面及防水工程的数字化建模。

(3)能够对屋面及防水工程的三维算量模型进行校验。

(4)能够运用算量软件完成屋面及防水工程清单工程量计算汇总。

【素养目标】

(1)鼓励独立思考,培养动手能力。

(2)树立团队意识,培养合作精神。

4.2.1 任务分析

屋面及防水工程中相关分项工程的工程量计算是完成主体工程造价的基本工作之一,也是造价人员在造价管理工作中应具备的最基本能力。本任务包括以下三方面内容。

(1)理解《规范》关于屋面及屋面防水等项目的工程量计算规则。

(2)依据工程量计算规则计算屋面及防水工程工程量。

(3)运用算量软件完成工程量计量工作。

4.2.2 相关知识

1. 屋面及防水工程工程量计算规则的应用

（1）各种屋面和型材屋面（包括挑檐部分）均按设计图示尺寸以面积计算（斜屋面按水平投影面积乘以屋面坡度系数计算），不扣除房上烟囱、风帽底座、风道、小气窗、斜沟和脊瓦等所占面积，小气窗出檐部分亦不增加。

（2）西班牙瓦、瓷质波形瓦、英红瓦屋面的正斜脊瓦、檐口线，按设计图示尺寸以长度计算。

（3）采光板屋面和玻璃采光顶屋面按设计图示尺寸以面积计算，不扣除面积≤0.3 m^2 孔洞所占面积。

（4）膜结构屋面按设计图示尺寸以需要覆盖的水平投影面积计算。

（5）屋面防水按设计图示尺寸以面积计算（斜屋面按斜面面积计算），不扣除房上烟囱、风帽底座、风道、屋面小气窗所占面积，上翻部分也不另计算；屋面的女儿墙、伸缩缝和天窗等处的弯起部分设计有规定按规定，设计无规定按 500 mm 计算，计入立面工程量内。

（6）楼地面防水、防潮层按设计图示尺寸以主墙间净面积计算，扣除凸出地面的构筑物、设备基础等所占面积，不扣除间壁墙及单个面积≤0.3 m^2 柱、垛、烟囱和孔洞所占面积，平面与立面交接处，上翻高度≤300 mm 时按展开面积并入平面工程量内计算，上翻高度 >300 mm 时按立面防水层计算。

（7）墙基防水、防潮层，外墙按外墙中心线长度，内墙按墙体净长度，乘以宽度，以面积计算。

（8）墙的立面防水、防潮层，不论内墙、外墙，均按设计图示尺寸以面积计算。

（9）基础底板的防水、防潮层按设计图示尺寸以面积计算，不扣除桩头所占面积。桩头处外包防水按桩头投影外扩 300 mm 以面积计算，地沟处防水按展开面积计算，均计入平面工程量，执行相应定额。

（10）屋面、楼地面及墙面、基础底板等，其防水搭接、拼缝、压边、留槎用量已综合考虑，不另行计算，卷材防水附加层按设计铺贴尺寸以面积计算。

（11）屋面分隔缝按设计图示尺寸以长度计算。

（12）水落管、镀锌铁皮天沟、檐沟按设计图示尺寸以长度计算。

（13）水斗、下水口、雨水口、弯头、短管等均以设计数量计算。

（14）种植屋面排水按设计图示尺寸以铺设排水层面积计算，不扣除房上烟囱、风帽底座、风道、屋面小气窗、斜沟和脊瓦等所占面积，以及面积≤0.3 m^2 的孔洞所占面积，屋面小气窗的出檐部分也不增加。

（15）变形缝（嵌填缝与盖板）与止水带按设计图示尺寸以长度计算。

例题 4.2.1

某建筑屋面平面图如图 4.2.1 所示，屋面做法如表 4-2-1 所示，屋面檐口标高 19.8 m，室外地坪 −0.3 m，试计算屋面工程量。

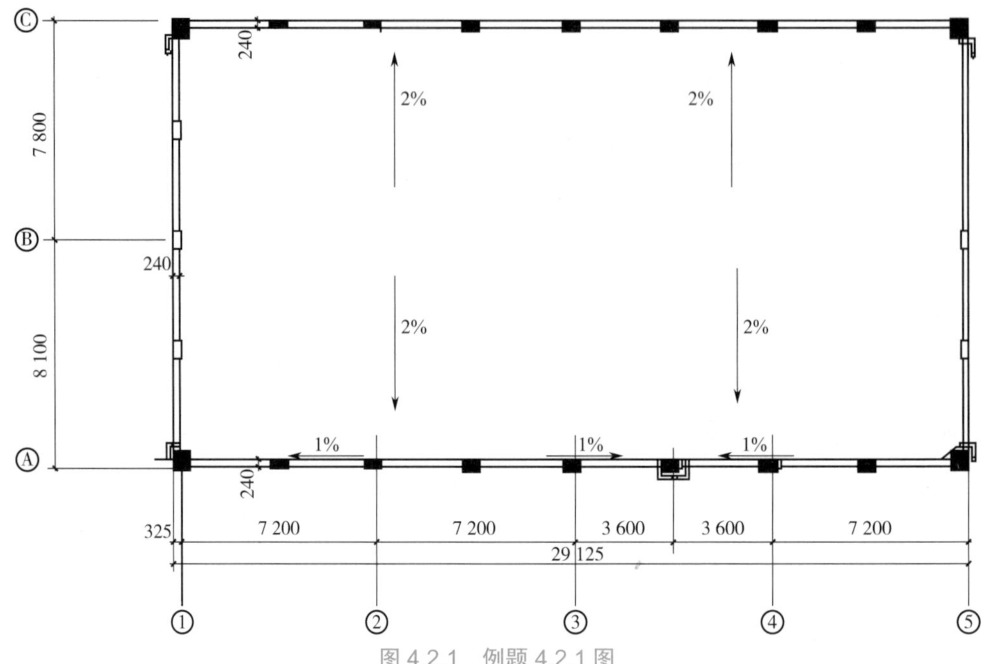

图 4.2.1　例题 4.2.1 图

表 4-2-1　例题 4.2.1 表

屋面-1	构造做法
平屋面	1. 50 mm 厚 C20 细石混凝土保护层，3 000 mm × 3 000 mm 设分隔缝，缝内嵌密封胶 2. 4 mm 厚 SBS 防水层，四周上翻高度 250 mm 3. 20 mm 厚 1 : 3 水泥砂浆找平层 4. 1 : 8 水泥珍珠岩找坡，最薄处 30 mm 厚 5. 140 mm 厚 EPS 保温层 6. 2 mm 厚 SBS 隔汽层 7. 1 : 2.5 水泥砂浆找平层 20 mm 厚 8. 钢筋混凝土屋面板

（1）刚性屋面（细石混凝土屋面）计算如下。

S=（29.125−0.24 × 2）×（8.1+7.8−0.24 × 2）=441.71（m^2）

分隔缝长度：8.1+7.8−0.24 × 2=15.42（m）

分隔缝数量：（29.125−0.24 × 2）/3=10（条）（向上取整）

分隔缝总长度：15.42 × 10=154.2（m）

（2）SBS 防水层计算如下。

平面：S=441.71（m^2）

上卷部分：S=[（29.125−0.24 × 2）+（8.1+7.8−0.24 × 2）] × 2 × 0.25=22.03（m^2）

合计：S=441.71+22.03=463.74（m^2）

（3）1 : 3 水泥砂浆找平层计算如下。

S=463.74（m^2）

屋面排水管：L=（19.8+0.3）× 5=100.5（m）

雨水口：5 个

水斗:5 个
弯头:5 个

4.2.3　任务小结

本任务介绍了屋面及防水工程中常见项目的工程量计算方法。要求理解工程量计算规则,学会屋面及防水工程工程量的计算方法;能够计算屋面及防水工程工程量,熟练操作软件,并能够运用软件计算屋面项目工程量。

4.2.4　知识拓展

认识屋面坡度系数表(如表 4-2-2 所示)和屋面排水坡度系数示意图(如图 4.2.2 所示)。

表 4-2-2　屋面坡度系数表

坡度高 B (A=1)	高跨比 $B/2A$	坡度角度 (α)	延尺系数 C (A=1)	偶延尺系数 D (A=1)
1.0	1/2	45°	1.414 2	1.732 1
0.75	—	36° 52′	1.25	1.600 8
0.7	—	35°	1.220 7	1.577 9
0.666	1/3	33° 40′	1.210 5	1.562 0
0.65	—	33° 1′	1.192 6	1.556 4
0.60	—	30° 58′	1.166 2	1.536 2
0.577	—	30°	1.154 7	1.527 0
0.55	—	28° 49′	1.141 3	1.517 0
0.50	1/4	26° 34′	1.118	1.500 0
0.45	—	24° 14′	1.096 6	1.483 9
0.40	1/5	21° 48′	1.077	1.469 7
0.35	—	19° 17′	1.059 5	1.456 9
0.30	—	16° 42′	1.044	1.445 7
0.25	1/8	14° 2′	1.030 8	1.436 2
0.20	1/10	11° 19′	1.019 8	1.428 3
0.15	—	8° 32′	1.011 2	1.422 1
0.125	—	7° 8′	1.007 8	1.419 1
0.10	1/20	5° 42′	1.005 0	1.417 7
0.083	1/24	4° 45′	1.003 5	1.416 6
0.066	1/30	3° 49′	1.002 2	1.415 7

注:(1)B 为坡度的高,A 为跨度的 1/2。
(2)两坡排水屋面面积为水平投影面积乘以延尺系数 C。
(3)四坡排水屋面斜脊长度=$A\times$ 偶延尺系数 D(马尾架)。
(4)沿山墙的泛水长度=$A\times C$。

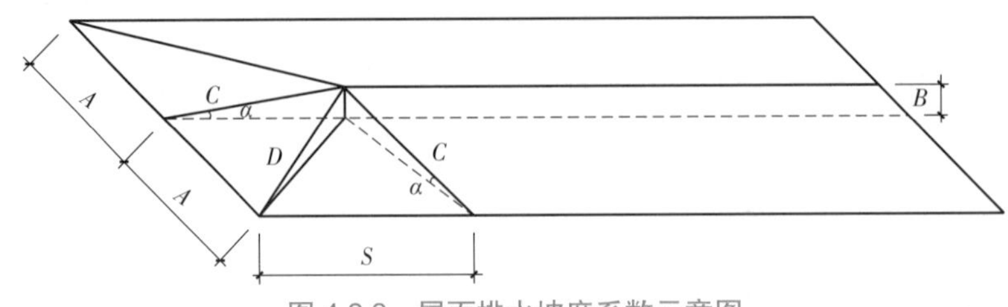

图 4.2.2　屋面排水坡度系数示意图

4.2.5　岗课赛证

(1)(多选)根据《规范》,下列关于屋面及防水工程工程量计算的说法正确的是(　　)。

A. 瓦屋面按设计图示尺寸以斜面积计算

B. 屋面变形缝按设计图示尺寸以长度计算,如设计未标注尺寸,以檐口至设计室外散水上表面垂直距离计算

C. 屋面排水管按设计图示尺寸以长度计算,如设计未标注尺寸,以檐口至设计室外散水上表面垂直距离计算

D. 楼(地)面防水搭接及附加层用量不另行计算,在综合单价中考虑。

(2)(多选)根据《规范》,下列关于保温隔热方式有(　　)。

A. 内保温　　B. 外保温　　C. 夹心保温　　D. 内外保温

任务 4.3　屋面及防水工程清单计价

【知识目标】

(1)理解屋面及防水工程综合单价构成内容。

(2)学会屋面及防水工程工程量清单计价方法。

【能力目标】

(1)能够合理应用屋面及防水工程计价定额。

(2)能够对屋面及防水工程进行清单计价。

(3)能够运用软件编制屋面及防水工程工程量清单计价文件。

【素养目标】

(1)培养积极向上的学习态度和工匠精神。

(2)培养团队意识,分工协作,提高效率,共同完成任务。

4.3.1　任务分析

编制工程量清单计价文件是工程造价从业人员应具备的基本能力。在招投标阶段常有编制工程量清单、招标控制价、投标报价等具体应用。本任务的目标是根据屋面及防水工程工程量清单项目特征及相关施工方法套用定额项目进行清单计价。

4.3.2　相关知识

1.《建筑定额》中关于屋面及防水工程定额项目划分的常见规定

（1）瓦屋面、金属板屋面、采光板屋面、玻璃采光顶、卷材防水、水落管、水口、水斗、沥青砂浆填缝、变形缝盖板、止水带等项目按标准或常用材料编制，设计与定额不同时，材料可以换算，人工、机械不变；屋面保温等项目执行保温隔热工程相应项目，找平层等项目执行装饰工程中楼地面装饰工程相应项目。

（2）细石混凝土防水层，使用钢筋网时，执行混凝土及钢筋混凝土工程相应项目。

（3）平屋面以坡度≤15%为准，15%<坡度≤25%的，按相应项目的人工乘以系数 1.18；25%<坡度≤45%及人字形、锯齿形、弧形等不规则屋面或平面，人工乘以系数 1.3；坡度>45%的，人工乘以系数 1.43。

（4）防水卷材、防水涂料及防水砂浆，定额以平面和立面列项，实际施工桩头、地沟、零星部位时，人工乘以系数 1.43；单个房间楼地面面积≤8 m^2 时，人工乘以系数 1.3。

（5）卷材防水附加层按相应卷材防水工程量 10%计算，定额人工乘以系数 1.43，附加层面积超过 10%的允许按比例调整。

（6）立面以直形为依据编制，弧形者，相应项目的人工乘以系数 1.18。

（7）水落管、水口、水斗均按材料成品、现场安装考虑。

（8）铁皮屋面及铁皮排水项目内包括铁皮咬口和搭接的工料。

（9）采用不锈钢水落管排水时，执行镀锌钢管定额项目，材料按实换算，人工乘以系数 1.1。

2. 屋面及防水工程定额项目的套用方法

当施工图的设计要求与定额项目内容一致时，可以直接套用。一般情况下，大多数的项目可以直接套用定额，应注意定额材料及消耗量的不同，准确进行换算。

3. 屋面及防水工程中常见的定额项目

屋面及防水工程中常见的定额项目如表 4-3-1 所示。

表 4-3-1　屋面及防水工程中常见的定额项目

单位工程预算书

工程名称:建筑工程

序号	定额编号	子目名称	工程量		价值		其中(元)	
			单位	数量	单价	合价	人工费	材料费
1	A8-0003	块瓦屋面　普通黏土瓦　混凝土板上浆贴	m^2		35.8			
2	A8-0005	块瓦屋面　水泥瓦　混凝土板上浆贴	m^2		98.78			
3	A8-0006	块瓦屋面　西班牙瓦　屋面板上或椽子挂瓦条上铺设	m^2		132.55			
4	A8-0007	块瓦屋面　西班牙瓦　正斜脊	m		50.19			
5	A8-0010	块瓦屋面　英红瓦　屋面板上或椽子挂瓦条上铺设	m^2		120.43			
6	A8-0011	块瓦屋面　英红瓦　正脊瓦	m		15.34			
7	A8-0012	沥青瓦　屋面铺设	m^2		196.96			
8	A8-0021	阳光板屋面　铝合金龙骨上安装	m^2		245.19			
9	A8-0022	阳光板屋面　钢龙骨上安装	m^2		225.8			
10	A8-0036	改性沥青卷材防水　热熔法一层平面	m^2		37.35			
11	A8-0037	改性沥青卷材防水　热熔法一层立面	m^2		39.69			
12	A8-0038	改性沥青卷材防水　热熔法每增一层平面	m^2		35.48			
13	A8-0039	改性沥青卷材防水　热熔法每增一层立面	m^2		36.84			
14	A8-0040	改性沥青卷材防水　冷粘法一层平面	m^2		43.73			
15	A8-0041	改性沥青卷材防水　冷粘法一层立面	m^2		45.45			
16	A8-0091	细石混凝土刚性防水　厚度 40 mm	m^2		31.82			
17	A8-0092	细石混凝土刚性防水　厚度每增减 10 mm	m^2		6.52			
18	A8-0093	水泥砂浆二次抹压刚性防水　厚度 20 mm	m^2		16.84			
19	A8-0094	水泥砂浆二次抹压刚性防水　厚度每增减 10 mm	m^2		5.49			
20	A8-0101	刚性防水　防水砂浆掺防水剂　厚度 20 mm	m^2		22.97			
21	A8-0102	刚性防水　防水砂浆掺防水剂　厚度每增减 10 mm	m^2		8.82			
22	A8-0120	屋面排水　塑料管排水　水落管直径≤110 mm	m		19.64			
23	A8-0121	屋面排水　塑料管排水　水落管直径>110 mm	m		31.76			
24	A8-0122	屋面排水　塑料管排水　檐沟、天沟	m		29.4			
25	A8-0123	屋面排水　塑料管排水　落水斗	个		16.66			
26	A8-0124	屋面排水　塑料管排水　弯头落水口	个		18.15			
27	A8-0125	屋面排水　塑料管排水　落水口	个		16.22			
28	A8-0140	变形缝嵌填缝　油浸麻丝平面	m		16.4			
29	A8-0141	变形缝嵌填缝　油浸麻丝立面	m		19.84			

续表

序号	定额编号	子目名称	工程量		价值		其中(元)	
			单位	数量	单价	合价	人工费	材料费
30	A8-0142	变形缝嵌填缝 沥青玛碲脂	m		6.45			
31	A8-0143	变形缝嵌填缝 建筑油膏平面	m		6.84			
32	A8-0144	变形缝嵌填缝 建筑油膏立面	m		8.89			
33	A8-0145	变形缝嵌填缝 沥青砂浆平面	m		12.28			
34	A8-0146	变形缝嵌填缝 沥青砂浆立面	m		12.83			
35	A8-0150	变形缝木板盖板 平面	m		14.15			
36	A8-0151	变形缝木板盖板 立面	m		20.88			
37	A8-0152	变形缝镀锌铁皮盖板 平面	m		20.54			
38	A8-0153	变形缝镀锌铁皮盖板 立面	m		14.99			

4. 屋面及防水工程清单综合单价构成

例题 4.3.1

根据例题 4.1.1 的内容,瓦屋面、屋面卷材防水、平面砂浆找平层等项目采用定额形式进行清单组价,如表 4-3-2 所示。

表 4-3-2 例题 4.3.1 表

分部分项工程和单价措施项目清单综合单价分析表

工程名称:建筑工程

序号	编码	清单/定额 名称	单位	数量	综合单价(元)	其中					合价(元)
						人工费	材料费	机械费	管理费	利润	
1	010901001001	瓦屋面	m^2	1 000	106.78	6.98	96.06	1.1	1.37	1.27	106 780
	A8-0005	块瓦屋面 水泥瓦混凝土板上浆贴	100 m^2	10	10 677.15	697.98	9 606.01	109.69	136.56	126.91	106 771.5
2	010902001001	屋面卷材 防水	m^2	1 000	40.49	3.21	36.15		0.55	0.58	40 490
	A8-0036	改性沥青卷材 防水热熔法一层 平面	100 m^2	10	4 049.13	321.04	3 615.09		54.63	58.37	40 491.3
3	011101006001	平面砂浆 找平层	m^2	1 000	23.61	11.78	6.07	1.2	2.42	2.14	23 610
	B1-0001	平面砂浆找平层 混凝土或硬基层上 20 mm	100 m^2	10	2 362.18	1 178.1	607.1	120.31	242.47	214.2	23 621.8

由表 4-3-2 可知,瓦屋面综合单价为 106.78 元/m^2,其中人工费 6.98 元/m^2,材料费 96.06 元/m^2,机械费 1.1 元/m^2,管理费 1.37 元/m^2,利润 1.27 元/m^2,工程量 1 000 m^2,清单项目合价 106 780 元;屋面卷材防水综合单价为 40.49 元/m^2,其中人工费 3.21 元/m^2,材料费 36.15 元/m^2,机械费 0 元/m^2,管理费 0.55 元/m^2,利润 0.58 元/m^2,工程量 1 000 m^2,清单项目合价

40 490 元；平面砂浆找平层略。

4.3.3 任务小结

本任务主要介绍屋面及防水工程工程量清单计价的方法，学会根据清单项目特征的内容套用计价定额，根据实际需要进行定额换算，并完成屋面及防水工程工程量清单计价，理解屋面及防水工程综合单价的构成。

4.3.4 知识拓展

1.《建筑定额》中关于保温隔热工程定额项目划分的常见规定

（1）保温层的保温材料配合比、材质、厚度与设计不同时，可以换算。
（2）弧形墙墙面保温隔热层根据相应项目的人工乘以系数 1.1。
（3）柱面保温根据墙面保温定额项目人工乘以系数 1.19、材料乘以系数 1.04。

2. 保温隔热工程定额项目的套用方法

当施工图的设计要求与定额项目内容一致时，可以直接套用。一般情况下，大多数的项目可以直接套用定额，应注意定额材料及消耗量的不同，准确进行换算。

3. 保温隔热工程中常见的定额项目

保温隔热工程中常见的定额项目如表 4-3-3 所示。

表 4-3-3 保温隔热工程中常见的定额项目

单位工程预算书

工程名称：建筑工程

序号	定额编号	子目名称	工程量		价值		其中(元)	
			单位	数量	单价	合价	人工费	材料费
1	A9-0001	保温隔热屋面 加气混凝土块干铺 厚度 180 mm	m^2		7.46			
2	A9-0002	保温隔热屋面 加气混凝土块干铺 厚度每增减 10 mm	m^2		0.38			
3	A9-0003	保温隔热屋面 加气混凝土块浆砌 厚度 180 mm	m^2		51.86			
4	A9-0004	保温隔热屋面 加气混凝土块浆砌 厚度每增减 10 mm	m^2		2.96			
5	A9-0007	保温隔热屋面 干铺珍珠岩 厚度 100 mm	m^2		11.71			

续表

序号	定额编号	子目名称	工程量		价值		其中(元)	
			单位	数量	单价	合价	人工费	材料费
6	A9-0008	保温隔热屋面 干铺珍珠岩 厚度每增减 10 mm	m^2		1			
7	A9-0011	保温隔热屋面 水泥炉渣 厚度 100 mm	m^2		22.44			
8	A9-0012	保温隔热屋面 水泥炉渣 厚度每增减 10 mm	m^2		2.15			
9	A9-0013	保温隔热屋面 水泥珍珠岩 厚度 100 mm	m^2		24.93			
10	A9-0014	保温隔热屋面 水泥珍珠岩 厚度每增减 10 mm	m^2		2.4			
11	A9-0037	保温隔热屋面 干铺聚苯乙烯板 厚度 50 mm	m^2		21.16			
12	A9-0038	保温隔热屋面 粘贴聚苯乙烯板 厚度 40 mm	m^2		27.35			
13	A9-0050	混凝土板下天棚保温 带龙骨粘贴聚苯乙烯板 厚度 50 mm	m^2		66.91			
14	A9-0051	混凝土板下天棚保温 不带龙骨聚合物砂浆粘贴聚苯乙烯板 厚度 50 mm	m^2		51.05			
15	A9-0052	保温隔热天棚 天棚板面上铺放 聚苯乙烯板 厚度 50 mm	m^2		21.91			
16	A9-0062	保温隔热墙面 聚苯颗粒保温砂浆 厚度 25 mm	m^2		30.53			
17	A9-0063	保温隔热墙面 聚苯颗粒保温砂浆 厚度每增减 5 mm	m^2		5.31			
18	A9-0078	保温隔热墙面 聚苯乙烯板点粘 厚度 50 mm	m^2		47.43			
19	A9-0079	保温隔热墙面 单面钢丝网聚苯乙烯板点粘 厚度 50 mm	m^2		79.55			
20	A9-1079	保温隔热墙面 单面钢丝网聚苯乙烯板满粘 厚度 50 mm	m^2		86.72			
21	A9-0098	保温隔热楼地面 聚苯乙烯板粘贴 厚度 50 mm	m^2		31.05			
22	A9-0099	保温隔热楼地面 聚苯乙烯板干铺 厚度 50 mm	m^2		21.05			

4.3.5 岗课赛证

(1)熟悉《建筑定额》屋面及防水工程定额项目构成内容,包括定额编号、项目名称、定额计价、人材机组成。

(2)(多选)根据《规范》规定,下列关于防腐面层工程量计算的说法正确的是(　　)。

A. 平面防腐扣除凸出地面的构筑物、设备基础等以及面积>0.3 m^2 孔洞、柱、垛等所占面积

B. 门洞、空圈、暖气包槽、壁龛的开口部分不增加面积

C. 立面防腐扣除门、窗、洞口以及面积>0.3 m^2 孔洞、梁所占面积

D. 门、窗、洞口侧壁、垛突出部分按展开面积并入墙面积内

(3)(多选)根据《规范》,保温隔热天棚工程量应(　　)。

A. 按设计图示尺寸以面积计算

B. 扣除面积>0.3 m^2 以上柱、垛、孔洞所占面积

C. 与天棚相连的梁按展开面积计算并入天棚工程量

D. 按设计图示尺寸以展开面积计算

实训4 （实验楼）屋面及防水、保温、隔热工程工程量清单计价

班级：　　　姓名：　　　　　组长：　　　　　　　　　　　年　　月　　日

【实训内容】

（1）实验楼屋面、防水、保温、隔热工程工程量清单编制。
（2）实验楼屋面、防水、保温、隔热工程工程量计算。
（3）实验楼屋面、防水、保温、隔热工程工程量清单计价。

【实训目标】

（1）学会编制实验楼屋面、防水、保温、隔热工程工程量清单。
（2）能够运用算量软件计算实验楼屋面及防水工程工程量。
（3）学会编制实验楼屋面、防水、保温、隔热工程工程量清单计价文件。
（4）学会计价软件操作方法，能够按要求导出报表。
（5）运用软件完成实验楼屋面、防水、保温、隔热工程分部分项工程量清单计价的成果文件，并按要求提交文件。

【课时分配】

____课时。

【工作情境】

小赵是某施工企业的一名现场工程师，正在办理实验楼屋面工程的外包等相关事宜，需要针对屋面工程工程量清单及报价进行审核。

【准备工作】

仔细阅读实验楼施工图，完成下列工作。

（1）该屋面做法为______________，找坡层做法为______________，防水层做法为______________。

（2）查阅定额，隔气层定额编号为____________，防水层定额编号为____________、保温层定额编号为____________，找坡层定额编号为____________。

（3）根据《规范》，尝试写出实验楼屋面及防水工程清单项目名称：________________。

（4）选择一个屋面及防水工程的清单名称为________________，并根据《规范》规定描述其项目特征为____。

（5）熟悉《建筑定额》，选择一个屋面及防水工程中的定额项目：定额编号____________，

项目名称____________________，定额计量单位__________，定额基价____________，其中人工费____________，材料费______________，机械费_______________。

【实训流程】

（1）运行软件，计算屋面工程工程量。

1）定义屋面构件。

2）绘制图元（点布置、智能布置等）。

3）设置防水卷边高度。

4）计算汇总，查询工程量，屋面面积__________m^2，防水面积__________m^2。

（2）运行计价软件，进入分部分项页面，根据《规范》规定，结合实验楼施工图内容，查询屋面工程相应清单项目名称，编制工程量清单。

（3）准确描述每个清单项目特征，输入工程量。

（4）依据项目特征，查询定额项目，结合定额工程内容，合理选择定额编号，进行清单组价，注意计量单位。

（5）材料及混凝土强度等级不同时，注意换算。

（6）组内讨论交流，互相检查，核对项目特征描述、工程量、综合单价及合价等内容，能够发现问题并及时解决。

【实训成果】

（1）完成屋面及防水、保温、隔热工程清单项目编制、工程量计算以及清单组价。

分部分项工程和单价措施项目清单与计价表

工程名称：

序号	项目编码	项目名称	项目特征描述	计量单位	工程量	金额（元）		
						综合单价	合价	其中 暂估价

（2）提交工程计量文件，文件名为“班级+姓名+实训 4+计量文件”。

（3）导出屋面工程工程量（Excel 形式）并提交，文件名为“班级+姓名+实训 4+工程量”。

（4）提交计价文件，文件名为“班级+姓名+实训 4+计价文件”。

（5）导出分部分项工程和单价措施项目清单综合单价分析表，并提交 Excel 文件，文件名为“班级+姓名+实训 4+分析表”。

【个人体会】

通过本实训，我学会了：

（1）

（2）

（3）

【任务评价】

实训效果评价	自评	组评	师评
（1）实训步骤是否清晰（15 分）			
（2）构件基本信息是否准确（15 分）			
（3）图元布置是否准确（15 分）			
（4）是否认真、主动学习（20 分）			
（5）是否有团队意识（20 分）			
（6）是否具有创新精神（15 分）			
小计考核分数（自评 30%、组评 30%、师评 40%）			
综合成绩			

项目5　门窗工程计量计价

任务5.1　门窗工程工程量清单编制

【知识目标】

（1）理解门窗工程工程量清单项目设置依据。
（2）掌握门窗工程工程量清单编制方法。

【能力目标】

（1）能够根据《规范》要求及施工图内容设置门窗工程清单项目名称。
（2）学会编制补充清单项目。
（3）能够准确描述门窗工程清单项目特征。
（4）能够运用造价软件编制门窗工程工程量清单。

【素养目标】

（1）积极参与小组讨论，共同研讨确定门窗工程清单项目名称。
（2）掌握活学活用的学习方法，做到理论联系实际。

5.1.1　任务分析

工程量清单是工程量清单计价的基础，工程量清单的编制是工程造价从业人员应具备的基本能力。本任务主要包括以下三方面内容。

（1）理解门窗工程清单项目名称设置依据。
（2）学会门窗工程清单项目特征描述方法。
（3）能够运用造价软件编制门窗工程工程量清单。

5.1.2　相关知识

1. 门窗工程中常见清单项目

根据《规范》,门窗工程中常见清单项目名称如表 5-1-1 至表 5-1-8 所示。在编制工程量清单时,可根据图纸内容,选择相应项目编码、项目名称和计量单位,并结合项目特征描述要求准确描述拟编制清单的项目特征。

(1)木门(表 5-1-1)。

表 5-1-1　木门

<table>
<tr><th>项目编码</th><th>项目名称</th><th>项目特征</th><th>计量单位</th><th>工程量计算规则</th><th>工作内容</th></tr>
<tr><td>010801001</td><td>木质门</td><td rowspan="3">1. 门代号及洞口尺寸
2. 镶嵌玻璃品种、厚度</td><td rowspan="3">1. 樘
2.m²</td><td rowspan="3">1. 以樘计量,按设计图示数量计算
2. 以平方米计量,按设计图示洞口尺寸以面积计算</td><td rowspan="3">1. 门安装
2. 玻璃安装
3. 五金安装</td></tr>
<tr><td>010801003</td><td>木质连窗门</td></tr>
<tr><td>010801004</td><td>木质防火门</td></tr>
</table>

(2)金属门(表 5-1-2)。

表 5-1-2　金属门

<table>
<tr><th>项目编码</th><th>项目名称</th><th>项目特征</th><th>计量单位</th><th>工程量计算规则</th><th>工作内容</th></tr>
<tr><td>010802001</td><td>金属(塑钢)门</td><td>1. 门代号及洞口尺寸
2. 门框或扇外围尺寸
3. 门框、扇材质
4. 玻璃品种、厚度</td><td rowspan="4">1. 樘
2.m²</td><td rowspan="4">1. 以樘计量,按设计图示数量计算
2. 以平方米计量,按设计图示洞口尺寸以面积计算</td><td rowspan="3">1. 门安装
2. 五金安装
3. 玻璃安装</td></tr>
<tr><td>010802002</td><td>彩板门</td><td>1. 门代号及洞口尺寸
2. 门框或扇外围尺寸</td></tr>
<tr><td>010802003</td><td>钢质防火门</td><td rowspan="2">1. 门代号及洞口尺寸
2. 门框或扇外围尺寸
3. 门框、扇材质</td></tr>
<tr><td>010802004</td><td>防盗门</td><td>1. 门安装
2. 五金安装</td></tr>
</table>

(3)金属卷帘(闸)门(表 5-1-3)。

表 5-1-3　金属卷帘(闸)门

<table>
<tr><th>项目编码</th><th>项目名称</th><th>项目特征</th><th>计量单位</th><th>工程量计算规则</th><th>工作内容</th></tr>
<tr><td>010803001</td><td>金属卷帘(闸)门</td><td rowspan="2">1. 门代号及洞口尺寸
2. 门材质
3. 启动装置品种、规格</td><td rowspan="2">1. 樘
2.m²</td><td rowspan="2">1. 以樘计量,按设计图示数量计算
2. 以平方米计量,按设计图示洞口尺寸以面积计算</td><td rowspan="2">1. 门运输、安装
2. 启动装置、活动小门、五金安装</td></tr>
<tr><td>010803002</td><td>防火卷帘(闸)门</td></tr>
</table>

（4）其他门（表 5-1-4）。

表 5-1-4　其他门

<table>
<tr><th>项目编码</th><th>项目名称</th><th>项目特征</th><th>计量单位</th><th>工程量计算规则</th><th>工作内容</th></tr>
<tr><td>010805001</td><td>电子感应门</td><td rowspan="2">1. 门代号及洞口尺寸
2. 门框或扇外围尺寸
3. 门框、扇材质
4. 玻璃品种、厚度
5. 启动装置品种、规格
6. 电子配件品种、规格</td><td rowspan="4">1. 樘
2.m²</td><td rowspan="4">1. 以樘计量，按设计图示数量计算
2. 以平方米计量，按设计图示洞口尺寸以面积计算</td><td rowspan="4">1. 门安装
2. 启动装置、五金、电子配件安装</td></tr>
<tr><td>010805002</td><td>旋转门</td></tr>
<tr><td>010805003</td><td>电子对讲门</td><td rowspan="2">1. 门代号及洞口尺寸
2. 门框或扇外围尺寸
3. 门材质
4. 玻璃品种、规格
5. 启动装置品种、规格
6. 电子配件品种、规格</td></tr>
<tr><td>010805004</td><td>电动伸缩门</td></tr>
</table>

（5）金属窗（表 5-1-5）。

表 5-1-5　金属窗

<table>
<tr><th>项目编码</th><th>项目名称</th><th>项目特征</th><th>计量单位</th><th>工程量计算规则</th><th>工作内容</th></tr>
<tr><td>010807001</td><td>金属（塑钢、断桥）窗</td><td rowspan="3">1. 窗代号及洞口尺寸
2. 框、扇材质
3. 玻璃品种、厚度</td><td rowspan="4">1. 樘
2.m²</td><td rowspan="3">1. 以樘计量，按设计图示数量计算
2. 以平方米计量，按设计图示洞口尺寸以面积计算</td><td rowspan="2">1. 窗安装
2. 五金、玻璃安装</td></tr>
<tr><td>010807002</td><td>金属防火窗</td></tr>
<tr><td>010807003</td><td>金属百叶窗</td><td>1. 窗安装
2. 五金安装</td></tr>
<tr><td>010807008</td><td>彩板窗</td><td>1. 窗代号及洞口尺寸
2. 框外围尺寸
3. 框、扇材质
4. 玻璃品种、厚度</td><td>1. 以樘计量，按设计图示数量计算
2. 以平方米计量，按设计图示洞口尺寸或框外围以面积计算</td><td>1. 窗安装
2. 五金、玻璃安装</td></tr>
</table>

（6）门窗套（表 5-1-6）。

表 5-1-6　门窗套

<table>
<tr><th>项目编码</th><th>项目名称</th><th>项目特征</th><th>计量单位</th><th>工程量计算规则</th><th>工作内容</th></tr>
<tr><td>010808001</td><td>木门窗套</td><td>1. 窗代号及洞口尺寸
2. 门窗套展开宽度
3. 基层材料种类
4. 面层材料品种、规格
5. 线条品种、规格
6. 防护材料种类</td><td>1. 樘
2.m²
3.m</td><td>1. 以樘计量，按设计图示数量计算
2. 以平方米计量，按设计图示洞口尺寸以展开面积计算
3. 以米计量，按设计图示中心以延长米计算</td><td>1. 清理基层
2. 立筋制作、安装
3. 基层板安装
4. 面层铺贴
5. 线条安装
6. 刷防护材料</td></tr>
</table>

续表

<table>
<tr><th>项目编码</th><th>项目名称</th><th>项目特征</th><th>计量单位</th><th>工程量计算规则</th><th>工作内容</th></tr>
<tr><td>010808004</td><td>金属门窗套</td><td>1. 窗代号及洞口尺寸
2. 门窗套展开宽度
3. 基层材料种类
4. 面层材料品种、规格
5. 防护材料种类</td><td rowspan="3">1. 樘
2.m²
3.m</td><td rowspan="3">1. 以樘计量，按设计图示数量计算
2. 以平方米计量，按设计图示洞口尺寸以展开面积计算
3. 以米计量，按设计图示中心以延长米计算</td><td>1. 清理基层
2. 立筋制作、安装
3. 基层板安装
4. 面层铺贴
5. 刷防护材料</td></tr>
<tr><td>010808005</td><td>石材门窗套</td><td>1. 窗代号及洞口尺寸
2. 门窗套展开宽度
3. 黏结层厚度、砂浆配合比
4. 面层材料品种、规格
5. 线条品种、规格</td><td>1. 清理基层
2. 立筋制作、安装
3. 基层抹灰
4. 面层铺贴
5. 线条安装</td></tr>
<tr><td>010808007</td><td>成品木门窗套</td><td>1. 门窗代号及洞口尺寸
2. 门窗套展开宽度
3. 门窗套材料品种、规格</td><td>1. 清理基层
2. 立筋制作、安装
3. 板安装</td></tr>
</table>

（7）窗台板（表 5-1-7）。

表 5-1-7　窗台板

<table>
<tr><th>项目编码</th><th>项目名称</th><th>项目特征</th><th>计量单位</th><th>工程量计算规则</th><th>工作内容</th></tr>
<tr><td>010809001</td><td>木窗台板</td><td rowspan="2">1. 基层材料种类
2. 窗台面板材质、规格、颜色
3. 防护材料种类</td><td rowspan="3">m²</td><td rowspan="3">按设计图示尺寸以展开面积计算</td><td rowspan="2">1. 清理基层
2. 基层制作、安装
3. 窗台板制作、安装
4. 刷防护材料</td></tr>
<tr><td>010809003</td><td>金属窗台板</td></tr>
<tr><td>010809004</td><td>石材窗台板</td><td>1. 黏结层厚度、砂浆配合比
2. 窗台板材质、规格、颜色</td><td>1. 清理基层
2. 抹找平层
3. 窗台板制作、安装</td></tr>
</table>

（8）窗帘、窗帘盒、轨（表 5-1-8）。

表 5-1-8　窗帘、窗帘盒、轨

<table>
<tr><th>项目编码</th><th>项目名称</th><th>项目特征</th><th>计量单位</th><th>工程量计算规则</th><th>工作内容</th></tr>
<tr><td>010810001</td><td>窗帘</td><td>1. 窗帘材质
2. 窗帘高度、宽度
3. 窗帘层数
4. 带幔要求</td><td>1.m
2.m²</td><td>1. 以米计量，按设计图示尺寸以成活后长度计算
2. 以平方米计量，按图示尺寸以成活后展开面积计算</td><td>1. 制作、运输
2. 安装</td></tr>
<tr><td>010810002</td><td>木窗帘盒</td><td rowspan="2">1. 窗帘盒材质、规格
2. 防护材料种类</td><td rowspan="3">m</td><td rowspan="3">按设计图示尺寸以长度计算</td><td rowspan="3">1. 制作、运输、安装
2. 刷防护材料</td></tr>
<tr><td>010810004</td><td>铝合金窗帘盒</td></tr>
<tr><td>010810005</td><td>窗帘轨</td><td>1. 窗帘轨材质、规格
2. 轨的数量
3. 防护材料种类</td></tr>
</table>

2.《规范》关于门窗工程项目划分及应用的常见规定

（1）木质门应区分镶板木门、企口板木门、实木装饰门、胶合板门、夹板装饰门、木纱门、全玻门（带木质扇框）、木质半玻门（带木质扇框）等项目分别编码列项。

（2）以樘计量，项目特征必须描述洞口尺寸；以平方米计量，项目特征可不描述洞口尺寸。

（3）金属门应区分金属平开门、金属推拉门、金属地弹门、全玻门（带金属扇框）、金属半玻门（带扇框）等项目分别编码列项 。

（4）金属窗应区分金属组合窗、防盗窗等项目分别列项 。

（5）窗帘若是双层，项目特征必须描述每层材质。

（6）窗帘以米计量，项目特征必须描述窗帘高度和宽度。

例题 5.1.1

已知某建筑物的门窗表如表 5-1-9 所示，试编制门窗工程工程量清单。

表 5-1-9　例题 5.1.1 表

类别	设计编号	洞口尺寸（mm）		数量	备注
		宽	高		
门	M1021	1 000	2 100	4	保温门
	FM1021	1 000	2 100	1	钢质防火门
窗	C2923	2 900	2 300	6	塑钢窗

依托广联达计价软件，根据上述条件，确定清单项目有特种门（保温门）、防火门、塑钢窗，依据题意分别描述项目特征，填写工程量，编制工程量清单，如表 5-1-10 所示。

表 5-1-10　例题 5.1.1 表

分部分项工程和单价措施项目清单与计价表

工程名称：建筑工程

序号	项目编码	项目名称	项目特征描述	计量单位	工程量	金额（元）		
						综合单价	合价	其中
								暂估价
1	010804007001	特种门（保温门）	门代号及洞口尺寸：保温门 M1021	樘	4			
2	010802003001	钢质防火门	门代号及洞口尺寸：钢质防火门 FM1021	樘	1			
3	010807001001	金属（塑钢、断桥）窗	窗代号及洞口尺寸：塑钢窗 C2930	樘	6			

5.1.3　任务小结

本任务主要是理解门窗工程工程量清单设置依据，掌握编制门窗工程工程量清单的方法，学会确定工程量清单项目名称，并准确描述工程量清单项目特征以及填写工程量，能够运用造价软件完成门窗工程工程量清单编制。

5.1.4　知识拓展

当编制工程量清单出现《规范》附录中未包括的项目，编制人应做补充，并报省级或行业工程造价管理机构备案，省级或行业工程造价管理机构应汇总报住房和城乡建设部标准定额研究所。

补充项目的编码由 01、B 和三位阿拉伯数字组成，并应从 01B001 起顺序编制，同一招标工程的项目不得重码。

补充的工程量清单需附有补充项目的名称、项目特征、计量单位、工程量计算规则、工程内容，不能计量的措施项目，需附有补充项目的名称、工作内容及包含范围。

5.1.5　思考和练习

（1）熟悉《规范》中门窗工程清单项目相关内容，包括项目编码、项目名称、项目特征、计量单位、工作内容。

（2）（多选）根据《规范》，补充的工程量清单需附加补充项目包括（　　）。

A. 名称　　B. 项目特征　　C. 计量单位　　D. 工程量计算规则

E. 工作内容

任务 5.2　门窗工程工程量计算

【知识目标】

（1）理解门窗工程工程量计算规则。

（2）学会门窗工程工程量计算方法。

【能力目标】

（1）能够运用工程量计算规则计算门窗工程工程量。

（2）能够完成门窗工程的数字化建模。

（3）能够对门窗工程的三维算量模型进行校验。

(4)能够运用算量软件完成门窗工程清单工程量计算汇总。

【素养目标】

(1)鼓励独立思考,能够发现、提出并解决问题。
(2)掌握活学活用的学习方法,力争做到理论与实践有机融合。

5.2.1 任务分析

门窗工程中各分项工程工程量的计算是装饰工程造价的主要工作之一,也是造价人员在造价管理工作中应具备的最基本能力。本任务包括以下三方面内容。

(1)理解《规范》中的关于木门、金属门、金属卷帘(闸)门、其他门、木窗、金属窗、门窗套、窗台板、窗帘盒、窗帘轨等项目工程量计算规则。

(2)依据工程量计算规则计算门窗工程工程量。

(3)运用算量软件完成工程量计量工作。

5.2.2 相关知识

1. 工程量计算规则的应用——木门

(1)成品木门框安装按设计图示框的中心线长度计算。
(2)成品木门扇安装按设计图示扇面积计算。
(3)成品套装木门安装按设计图示数量计算。
(4)木质防火门安装按设计图示洞口面积计算。

2. 工程量计算规则的应用——金属门、窗

(1)铝合金门窗(飘窗、阳台封闭窗除外)、塑钢门窗均按设计图示门、窗洞口面积计算。

(2)门连窗按设计图示洞口面积分别计算门、窗面积,其中窗的宽度算至门框的外边线。

(3)纱门、纱窗扇按设计图示扇外围面积计算。

(4)飘窗、阳台封闭窗按设计图示框型材外边线尺寸以展开面积计算。

(5)钢质防火门、防盗门按设计图示门洞口面积计算。

(6)防盗窗按设计图示窗框外围面积计算。

(7)彩板钢门窗按设计图示门、窗洞口面积计算,彩板钢门窗附框按框中心线长度计算。

3. 工程量计算规则的应用——金属卷帘(闸)门

金属卷帘(闸)按设计图示卷帘门宽度乘以卷帘门高度(包括卷帘箱高度)以面积计算,电动装置安装按设计图示套数计算。

4. 工程量计算规则的应用——窗台板、窗帘盒、窗帘轨

（1）窗台板按设计图示长度乘以宽度以面积计算。图纸未标明尺寸的，窗台板长度可按窗框的外围宽度两边共加 100 mm 计算。窗台板突出墙面的宽度按墙面外加 50 mm 计算。

（2）窗帘盒、窗帘轨按设计图示长度计算。

例题 5.2.1

某建筑物门窗表详细信息见例题 5.1.1，成品大理石窗台宽 300 mm，两侧伸入窗间墙各 50 mm，计算门、窗、窗台板工程量。

门窗工程量计算如下。

保温门 $S=1.00\times2.1\times4=8.4$（$m^2$）

钢质防火门 $S=1.00\times2.1\times1=2.1$（$m^2$）

塑钢窗 $S=2.90\times2.3\times6=40.02$（$m^2$）

大理石窗台板 $S=0.3\times(2.9+0.05\times2)\times6=5.4$（$m^2$）

5.2.3 任务小结

本任务介绍了门窗工程中常见项目的工程量计算方法。要求理解门窗工程工程量计算规则，学会门窗工程工程量的计算方法；能够计算门窗工程工程量，熟练操作软件，并能够运用算量软件计算门窗工程量。

5.2.4 知识拓展

门窗工程可以“樘”计量，也可以“平方米”计量，以例题 5.2.1 为例，门窗工程量也可按如下方式计量。

保温门 4 樘

钢质防火门 1 樘

塑钢窗 6 樘

5.2.5 岗课赛证

（1）（多选）根据《规范》，下列关于门窗工程工程量计算描述正确的有（　　）。

A. 成品木门框安装按设计图示框的中心线长度计算

B. 门窗工程必须以“平方米”计量

C. 金属卷帘（闸）按设计图示卷帘门宽度乘以卷帘门高度（包括卷帘箱高度）以面积计算

D. 电动装置安装按设计图示套数计算

（2）（单选）根据《规范》，下列描述不正确的是（　　）。

A. 成品木门框安装按个数计量
B. 门窗工程可以“樘”计量,也可以“平方米”计量
C. 钢质防火门、防盗门按设计图示门洞口面积计算
D. 防盗窗按设计图示窗框外围面积计算

任务 5.3　门窗工程清单计价

【知识目标】

(1)理解门窗工程综合单价构成内容。
(2)学会门窗工程工程量清单计价方法。

【能力目标】

(1)能够合理应用门窗工程计价定额。
(2)学会运用补充估价。
(3)能够对门窗工程进行清单计价。
(4)能够运用软件编制门窗工程工程量清单计价文件。

【素养目标】

(1)培养积极向上的学习态度和工匠精神。
(2)培养团队意识,分工协作,提高效率,共同完成任务。

5.3.1　任务分析

编制工程量清单计价文件是工程造价从业人员应具备的基本能力。在招投标阶段常有编制工程量清单、招标控制价、投标报价等具体应用。本任务主要介绍门窗工程工程量清单计价的方法,学会根据清单项目特征的内容套用计价定额,或根据实际需要套用补充定额完成工程量清单计价,理解门窗工程综合单价的构成。

5.3.2　相关知识

1.《装饰定额》中关于门窗工程定额项目划分及应用的常见规定

(1)木门。成品套装木门安装包括门套和门扇的安装。
(2)金属门、窗。
1)铝合金成品门窗安装项目按隔热断桥铝合金型材考虑,当设计为普通铝合金型材

时，按相应项目执行，其中人工乘以系数 0.8。

2）金属门连窗，门、窗应分别执行相应定额。

3）彩板钢窗附框安装执行彩板钢门窗安装项目。

（3）金属卷帘（闸）。

1）金属卷帘（闸）项目按卷帘侧装（即安装在洞口内侧或外侧）考虑，当设计为中装（即安装在洞口中）时，按相应项目执行，其中人工乘以系数 1.1。

2）金属卷帘（闸）项目按不带活动小门考虑，当设计为带活动小门时，按相应项目执行，其中人工乘以系数 1.07，材料调整为带活动小门金属卷帘（闸）。

3）防火卷帘（闸）（无机布基防火卷帘除外）按镀锌钢板卷帘（闸）项目执行，并将材料中的镀锌钢板卷帘换为相应的防火卷帘。

（4）窗台板。

1）窗台板与暖气罩相连时，窗台板并入暖气罩，按装饰工程中相应暖气罩项目执行。

2）石材窗台板安装项目按成品窗台板考虑，实际为非成品需现场加工时，石材加工按装饰工程石材加工相应项目执行。

2. 门窗工程定额项目的套用方法

（1）当施工图的设计内容与定额项目内容一致时，可以直接套用，如可以根据门窗的材质、功能等查询相应定额。

（2）考虑到门窗工程的特殊性，即常作为专业性工程被分包，故也可采用补充估价定额的形式计价。

3. 门窗工程中常见的定额项目

门窗工程中常见的定额项目如表 5-3-1 所示。

表 5-3-1　门窗工程中常见的定额项目

单位工程预算书

工程名称：建筑工程

序号	定额编号	子目名称	工程量		价值		其中（元）	
			单位	数量	单价	合价	人工费	材料费
1	B4-0001	成品木门扇安装	m²		156.84			
2	B4-0002	成品木门框安装	m		114.01			
3	B4-0006	木制防火门安装	m²		300.98			
4	B4-0009	塑钢成品门安装　推拉	m²		196.76			
5	B4-0010	塑钢成品门安装　平开	m²		286.92			
6	B4-0007	隔热断桥铝合金门安装　推拉	m²		454.96			
7	B4-0008	隔热断桥铝合金门安装　平开	m²		551.19			

续表

序号	定额编号	子目名称	工程量		价值		其中(元)	
			单位	数量	单价	合价	人工费	材料费
8	B4-0013	钢质防火门　安装	m^2		418.05			
9	B4-0014	钢质防盗门　安装	m^2		344.09			
10	B4-0017	金属卷帘(闸)门安装　彩钢板	m^2		373.85			
11	B4-0019	金属卷帘(闸)门安装　电动装置	套		2 081.88			
12	B4-0062	隔热断桥铝合金窗安装　普通推拉窗	m^2		450.05			
13	B4-0063	隔热断桥铝合金窗安装　普通平开窗	m^2		484.1			
14	B4-0068	铝合金窗安装　固定窗	m^2		243.53			
15	B4-0069	铝合金窗安装　百叶窗	m^2		243.53			
16	B4-0073	塑钢成品窗安装　推拉窗	m^2		304.76			
17	B4-0077	塑钢窗纱扇安装　推拉窗	m^2		64.21			
18	B4-0081	彩板钢窗安装	m^2		135.75			
19	B4-0096	窗台板　木龙骨基层板	m^2		84.28			
20	B4-0100	窗台板　面层石材	m^2		158.85			
21	B4-0101	窗帘盒(不带轨)　制作安装　木龙骨胶合板	m		42.82			
22	B4-0102	窗帘盒(不带轨)　制作安装　胶合板	m		34.74			
23	B4-0104	成品窗帘轨暗装　单轨	m		10			
24	B4-0106	成品窗帘轨明装　单轨	m		48.48			

4. 门窗工程清单综合单价构成

查询门窗工程定额,根据清单项目特征内容,选择相应定额项目,组成清单项目综合单价,如表 5-3-2 所示。

表 5-3-2　门窗工程定额清单项目综合单价

分部分项工程和单价措施项目清单综合单价分析表

工程名称:建筑工程

序号	编码	清单/定额名称	单位	数量	综合单价(元)	其中					合价(元)
						人工费	材料费	机械费	管理费	利润	
1	010804007001	特种门(保温门)	樘	4	1 261.11	236.49	931.19	1.76	48.67	43	5 044.44

续表

序号	编码	清单/定额名称	单位	数量	综合单价（元）	其中					合价（元）
						人工费	材料费	机械费	管理费	利润	
	B4-0049	特种门保温门安装	100 m^2	0.084	60 052.69	11 261.25	44 342.51	83.66	2 317.77	2 047.5	5 044.43
2	010802003001	钢质防火门	樘	1	964.58	98.75	827.54		20.33	17.96	964.58
	B4-0013	钢质防火门安装	100 m^2	0.021	45 932.23	4 702.5	39 406.87		967.86	855	964.58
3	010807001001	金属（塑钢、断桥）窗	樘	6	2 190.95	130.66	2 009.64		26.89	23.76	13 145.7
	B4-0073	塑钢成品窗安装推拉窗	100 m^2	0.400 2	32 847.71	1 958.88	30 129.5		403.17	356.16	13 145.65

5.3.3 任务小结

本任务主要介绍门窗工程工程量清单计价的方法，学会根据清单项目特征的内容套用定额，根据实际需要进行定额换算，并完成门窗工程工程量清单计价，理解门窗工程综合单价的构成。

5.3.4 知识拓展

除直接套用定额外，实际工程中还常采用补充估价定额的形式对相应门窗工程进行计价，如表 5-3-3 所示。

表 5-3-3 门窗工程补充估价定额

单位工程预算书

工程名称：建筑工程

序号	定额编号	子目名称	工程量		价值		其中（元）	
			单位	数量	单价	合价	人工费	材料费
1	BJ001	保温门	m^2		1 000			
2	BJ002	防盗门	樘		1 500			
3	BJ003	塑钢窗	m^2		290			

采用清单计价时也可以补充估价定额形式组价，如表 5-3-4 所示。

表 5-3-4　门窗工程补充估价定额组价

分部分项工程和单价措施项目清单综合单价分析表											
工程名称:建筑工程											
序号	编码	清单/定额名称	单位	数量	综合单价（元）	其中					合价（元）
						人工费	材料费	机械费	管理费	利润	
1	010807001002	金属（塑钢、断桥）窗	樘	6	1 600.8		1 600.8				9 604.8
	BJ001	金属（塑钢、断桥）窗	m^2	40.02	240		240				9 604.8

5.3.5　岗课赛证

（1）熟悉《装饰定额》门窗工程定额项目构成内容，包括定额编号、项目名称、定额计价、人材机组成。

（2）（多选）工程量清单项目的补充应涵盖（　　），按《规范》附录中相同的列表方式表述。

A. 包含的工作内容　　B. 项目编码　　C. 项目特征　　D. 施工方法

E. 工程量计算规则

实训 5　(实验楼)门窗工程工程量清单计价

班级：　　　　　姓名：　　　　　　　组长：　　　　　　　　　　　　年　　月　　日

【实训内容】

(1)实验楼门窗工程工程量清单编制。
(2)实验楼门窗工程工程量计算。
(3)实验楼门窗工程工程量清单计价。

【实训目标】

(1)学会编制实验楼门窗工程工程量清单。
(2)能够运用算量软件计算实验楼门窗工程量。
(3)学会编制实验楼门窗工程工程量清单计价文件。
(4)学会计价软件操作方法,能够按要求导出报表。
(5)运用软件完成实验楼门窗工程分部分项工程量清单计价的成果文件,并按需求提交文件。

【课时分配】

____课时。

【工作情境】

小周是某施工企业的一名现场工程师,正在办理实验楼门窗工程的外包等相关事宜,需要针对门窗工程工程量清单及报价进行审核。

【准备工作】

仔细阅读实验楼施工图,完成下列工作。
(1)门代号______,洞口尺寸___________,数量______樘,门工程量________m^2。
(2)门代号______,洞口尺寸___________,数量______樘,门工程量________m^2。
(3)窗代号______,洞口尺寸___________,数量______樘,窗工程量________m^2。
(4)窗代号______,洞口尺寸___________,数量______樘,窗工程量________m^2。
(5)根据《规范》,尝试写出实验楼门窗工程清单项目名称:____________________、____________________。
(6)选择一个门窗工程的清单名称____________________,并根据《规范》规定描述其项目特征____。

(7)熟悉《计价定额》,选择一个门窗工程中的定额项目:定额编号________________,项目名称________________,定额计量单位__________,定额基价_____________,其中人工费_____________,材料费_______________,机械费________________。

【实训流程】

(1)运行软件,计算门工程量。

1)定义门构件,输入门尺寸。

2)绘制图元(点布置、智能布置、镜像、复制、移动等)。

3)计算汇总,查询工程量,门面积______m^3。

(2)运行软件,计算窗工程量。

1)定义窗构件,输入窗尺寸、距地面高度等。

2)绘制图元(点布置、智能布置、镜像、复制、移动等)。

3)计算汇总,查询工程量,窗面积______m^3。

(3)运行计价软件,进入分部分项页面,根据《规范》规定,结合实验楼施工图内容,查询门窗工程相应清单项目名称,编制工程量清单。

(4)准确描述每个清单项目特征,输入工程量。

(5)依据项目特征,查询定额项目,结合定额工程内容,合理选择定额编号,进行清单组价,注意计量单位;或者采用补充估价方法,依据项目特征,询市场价格,进行清单组价,注意计量单位。

(6)组内讨论交流,互相检查,核对项目特征描述、工程量、综合单价及合价等内容,能够发现问题并及时解决。

【实训成果】

(1)完成门窗工程清单项目编制、工程量计算以及清单组价。

分部分项工程和单价措施项目清单与计价表

工程名称:

序号	项目编码	项目名称	项目特征描述	计量单位	工程量	金额(元)		
						综合单价	合价	其中
								暂估价

续表

<table>
<tr><td rowspan="3">序号</td><td rowspan="3">项目编码</td><td rowspan="3">项目名称</td><td rowspan="3">项目特征描述</td><td rowspan="3">计量单位</td><td rowspan="3">工程量</td><td colspan="3">金额(元)</td></tr>
<tr><td rowspan="2">综合单价</td><td rowspan="2">合价</td><td>其中</td></tr>
<tr><td>暂估价</td></tr>
<tr><td></td><td></td><td></td><td></td><td></td><td></td><td></td><td></td><td></td></tr>
<tr><td></td><td></td><td></td><td></td><td></td><td></td><td></td><td></td><td></td></tr>
<tr><td></td><td></td><td></td><td></td><td></td><td></td><td></td><td></td><td></td></tr>
<tr><td></td><td></td><td></td><td></td><td></td><td></td><td></td><td></td><td></td></tr>
</table>

(2)提交工程计量文件,文件名为"班级+姓名+实训 5+计量文件"。

(3)导出门窗工程工程量(Excel 形式)并提交,文件名为"班级+姓名+实训 5+工程量"。

(4)提交计价文件,文件名为"班级+姓名+实训 5+计价文件"。

(5)导出分部分项工程和单价措施项目清单综合单价分析表,并提交 Excel 文件,文件名为"班级+姓名+实训 5+分析表"。

【个人体会】

通过本实训,我学会了:

(1)

(2)

(3)

【任务评价】

实训效果评价	自评	组评	师评
(1)实训步骤是否清晰(15 分)			
(2)构件基本信息是否准确(15 分)			
(3)图元布置是否准确(15 分)			
(4)是否认真、主动学习(20 分)			
(5)是否有团队意识(20 分)			
(6)是否具有创新精神(15 分)			
小计考核分数(自评 30%、组评 30%、师评 40%)			
综合成绩			

项目 6 楼地面装饰工程计量计价

任务 6.1 楼地面装饰工程工程量清单编制

【知识目标】

(1)理解楼地面装饰工程工程量清单项目设置依据。
(2)掌握楼地面装饰工程工程量清单编制方法。

【能力目标】

(1)能够根据《规范》要求及施工图内容设置楼地面装饰工程清单项目名称。
(2)能够准确描述楼地面装饰工程清单项目特征。
(3)能够运用造价软件编制楼地面装饰工程工程量清单。

【素养目标】

(1)积极参与小组讨论,共同研讨确定楼地面装饰工程清单项目名称。
(2)养成良好的学习习惯,培养踏实的工作作风。

6.1.1 任务分析

工程量清单是工程量清单计价的基础,工程量清单的编制是工程造价从业人员应具备的基本能力。本任务包括以下三方面内容。

(1)理解楼地面装饰工程清单项目名称设置依据。
(2)学会楼地面装饰工程清单项目特征描述方法。
(3)能够运用造价软件编制楼地面装饰工程工程量清单。

6.1.2 相关知识

1. 楼地面装饰工程中常见的清单项目

根据《规范》,楼地面装饰工程中常见的清单项目如表 6-1-1 所示。在编制工程量清单时，可根据图纸内容，选择相应项目编码、项目名称和计量单位，并结合项目特征描述要求准确描述拟编制清单的项目特征。

表 6-1-1　楼地面

项目编码	项目名称	项目特征	计量单位	工程量计算规则	工作内容
011101001	水泥砂浆楼地面	1. 找平层厚度、砂浆配合比 2. 素水泥浆遍数 3. 面层厚度、砂浆配合比 4. 面层做法要求	m²	按设计图示尺寸以面积计算	1. 基层清理 2. 抹找平层 3. 抹面层 4. 材料运输
011101002	现浇水磨石楼地面	1. 找平层厚度、砂浆配合比 2. 面层厚度、水泥石子浆配合比 3. 嵌条材料种类、规格 4. 石子种类、规格、颜色 5. 颜料种类、颜色 6. 图案要求 7. 磨光、酸洗、打蜡要求	m²		1. 基层清理 2. 抹找平层 3. 面层铺设 4. 嵌缝条安装 5. 磨光、酸洗、打蜡 6. 材料运输
011101003	细石混凝土楼地面	1. 找平层厚度、砂浆配合比 2. 面层厚度、混凝土强度等级	m²		1. 基层清理 2. 抹找平层 3. 面层铺设 4. 材料运输
011101005	自流平楼地面	1. 找平层砂浆配合比、厚度 2. 界面剂材料种类 3. 中层漆材料种类、厚度 4. 面漆材料种类、厚度 5. 面层材料种类	m²		1. 基层处理 2. 抹找平层 3. 涂界面剂 4. 涂刷中层漆 5. 打磨、吸尘 6. 镘自流平面漆（浆） 7. 拌和自流平浆料 8. 铺面层
011101006	平面砂浆找平层	找平层厚度、砂浆配合比	m²		1. 基层清理 2. 抹找平层 3. 材料运输
011102001	石材楼地面	1. 找平层厚度、砂浆配合比 2. 结合层厚度、砂浆配合比 3. 面层材料品种、规格、颜色 4. 嵌缝材料种类 5. 防护层材料种类 6. 酸洗、打蜡要求	m²	按设计图示尺寸以面积计算	1. 基层清理 2. 抹找平层 3. 面层铺设、磨边 4. 嵌缝 5. 刷防护材料 6. 酸洗、打蜡 7. 材料运输
011102002	碎石材楼地面				
011102003	块料楼地面				

续表

项目编码	项目名称	项目特征	计量单位	工程量计算规则	工作内容
011104001	地毯楼地面	1. 面层材料品种、规格、颜色 2. 防护材料种类 3. 黏结材料种类 4. 压线条种类	m^2	按设计图示尺寸以面积计算	1. 基层清理 2. 铺贴面层 3. 刷防护材料 4. 装订压条 5. 材料运输
011104002	竹、木（复合地板）	1. 龙骨材料种类、规格、铺设间距 2. 基础材料种类、规格 3. 面层材料品种、规格、颜色 4. 防护材料种类	m^2		1. 基层清理 2. 龙骨铺设 3. 基层铺设 4. 面层铺贴 5. 刷防护材料 6. 材料运输
011104003	金属复合地板				
011104004	防静电活动地板	1. 支架高度、材料种类 2. 面层材料品种、规格、颜色 3. 防护材料种类	m^2		1. 基层清理 2. 固定支架安装 3. 活动面层安装 4. 刷防护材料 5. 材料运输
011105001	水泥砂浆踢脚线	1. 踢脚线高度 2. 底层厚度、砂浆配合比 3. 面层厚度、砂浆配合比	1.m^2 2.m	1. 以平方米计量，按设计图示长度乘以高度以面积计算 2. 以米计量，按延长米计算	1. 基层清理 2. 底层和面层抹灰 3. 材料运输
011105002	石材踢脚线	1. 踢脚线高度 2. 黏结层厚度、材料种类 3. 面层材料品种、规格、颜色 4. 防护材料种类	1.m^2 2.m		1. 基层清理 2. 底层抹灰 3. 面层铺贴、磨边 4. 擦缝 5. 磨光、酸洗、打蜡 6. 刷防护材料 7. 材料运输
011105003	块料踢脚线				
011105004	塑料板踢脚线	1. 踢脚线高度 2. 黏结层厚度、材料种类 3. 面层材料品种、规格、颜色	1.m^2 2.m		1. 基层清理 2. 基层铺贴 3. 面层铺贴 4. 材料运输
011105005	木质踢脚线	1. 踢脚线高度 2. 基层材料种类、规格 3. 面层材料品种、规格、颜色	1.m^2 2.m		
011105006	金属踢脚线				
011106001	石材楼梯面层	1. 找平层厚度、砂浆配合比 2. 黏结层厚度、材料种类 3. 面层材料品种、规格、颜色 4. 防滑条材料种类、规格 5. 勾缝材料种类 6. 防护材料种类 7. 酸洗、打蜡要求	m^2	按设计图示尺寸以楼梯（包括踏步、休息平台及≤500 mm的楼梯井）水平投影面积计算，楼梯与楼地面相连时，算至梯口梁内侧边沿；无梯口梁者，算至最上一层踏步边沿加300 mm	1. 基层清理 2. 抹找平层 3. 面层铺贴、磨边 4. 贴嵌防滑条 5. 勾缝 6. 刷防护材料 7. 酸洗、打蜡 8. 材料运输
011106002	块料楼梯面层				

续表

项目编码	项目名称	项目特征	计量单位	工程量计算规则	工作内容
011106004	水泥砂浆楼梯面层	1. 找平层厚度、砂浆配合比 2. 面层厚度、砂浆配合比 3. 防滑条材料种类、规格	m^2	按设计图示尺寸以楼梯(包括踏步、休息平台及≤500 mm 的楼梯井)水平投影面积计算,楼梯与楼地面相连时,算至梯口梁内侧边沿;无梯口梁者,算至最上一层踏步边沿加 300 mm	1. 基层清理 2. 抹找平层 3. 抹面层 4. 抹防滑条 5. 材料运输
011106005	现浇水磨石楼梯面层	1. 找平层厚度、砂浆配合比 2. 面层厚度、水泥石子浆配合比 3. 防滑条材料种类、规格 4. 石子种类、颜色 6. 磨光、酸洗、打蜡要求	m^2		1. 基层清理 2. 抹找平层 3. 抹面层 4. 贴嵌防滑条 5. 磨光、酸洗、打蜡 6. 材料运输
011107001	石材台阶面	1. 找平层厚度、砂浆配合比 2. 黏结材料种类 3. 面层材料品种、规格、颜色 4. 勾缝材料种类 5. 防滑条材料种类、规格 6. 防护材料种类	m^2	按设计图示尺寸以台阶(包括最上层踏步边沿加 300 mm)水平投影面积计算	1. 基层清理 2. 抹找平层 3. 面层铺贴 4. 贴嵌防滑条 5. 勾缝 6. 刷防护材料 7. 材料运输
011107002	块料台阶面				
011107004	水泥砂浆台阶面	1. 找平层厚度、砂浆配合比 2. 面层厚度、砂浆配合比 3. 防滑条材料种类	m^2		1. 基层清理 2. 抹找平层 3. 抹面层 4. 抹防滑条 5. 材料运输
011108001	石材零星项目	1. 工程部位 2. 找平层厚度、砂浆配合比 3. 贴结合层厚度、材料种类 4. 面层材料品种、规格、颜色 5. 勾缝材料种类 6. 防护材料种类 7. 酸洗、打蜡要求	m^2	按设计图示尺寸以面积计算	1. 清理基层 2. 抹找平层 3. 面层铺贴、磨边 4. 勾缝 5. 刷防护材料 6. 酸洗、打蜡 7. 材料运输
011108002	碎拼石材零星项目				
011108003	块料零星项目				
011108004	水泥砂浆零星项目	1. 工程部位 2. 找平层厚度、砂浆配合比 3. 面层厚度、砂浆厚度	m^2		1. 基层清理 2. 抹找平层 3. 抹面层 4. 材料运输

6.1.3 任务小结

本任务主要介绍了编制楼地面装饰工程工程量清单的方法,理解《规范》关于楼地面装饰工程清单项目的规定,学会根据《规范》要求并结合工程实际确定工程量清单项目名称,并能够准确描述工程量清单项目特征以及填写工程量,完成楼地面装饰工程工程量清单的编制。

6.1.4 知识拓展

楼地面装饰工程常见名词有波打线、过门石、石材拼花等。

(1)波打线也称波导线、花边或边线，主要用在地面周边或者过道玄关等处，一般为块料楼(地)面沿墙边四周所做的装饰线，主要用一些和地面面层主体颜色有一些区分的材料加工而成。在室内装修过程中，波打线主要起到进一步装饰地面的效果，使地面看起来具有艺术韵味，以增加设计效果，并富有美感。

(2)过门石就是石头门槛，用来解决内外高差、两种材料交接过渡、阻挡水以及美观等作用的一条石板。在工程量计算过程中，波打线和过门石均需单独计算，避免漏项或缺量而影响造价。

(3)石材拼花是在现代建筑装饰工程中被广泛应用于地面、墙面、台面等的装饰，以石材的天然美(颜色、纹理、材质)加上人们的艺术构想"拼"出一幅幅精美的图案。

6.1.5 岗课赛证

(1)熟悉《规范》中楼地面装饰工程清单项目相关内容，包括项目编码、项目名称、项目特征、计量单位、工作内容。

(2)(多选)根据《规范》，楼地面装饰工程项目包含(   )。

A. 水泥砂浆楼地面　　B. 木质踢脚线　　C. 块料台阶面　　D. 石材零星项目

任务 6.2　楼地面装饰工程工程量计算

【知识目标】

(1)理解楼地面装饰工程工程量计算规则。

(2)学会楼地面装饰工程工程量计算方法。

【能力目标】

(1)能够运用工程量计算规则计算楼地面装饰工程工程量。

(2)能够完成楼地面装饰工程的数字化建模。

(3)能够对楼地面装饰工程的三维算量模型进行校验。

(4)能够运用算量软件完成楼地面装饰工程清单工程量计算汇总。

【素养目标】

(1)鼓励独立思考,能够发现、提出并解决问题。
(2)培养团队意识,分工协作,提高效率,共同完成任务。

6.2.1　任务分析

楼地面装饰工程中各分项工程工程量的计算是装饰工程造价的主要内容之一,也是造价人员在造价管理工作中应具备的最基本能力。本任务包括以下三方面内容。

(1)理解《规范》中关于整体面层、块料面层、橡塑面层、踢脚线、楼梯装饰及零星装饰等项目工程量计算规则。

(2)依据工程量计算规则计算楼地面装饰工程工程量。

(3)运用算量软件完成工程量计量工作。

6.2.2　相关知识

楼地面装饰工程工程量计算规则的应用包括以下八方面内容。

(1)楼地面找平层及整体面层按设计图示尺寸以面积计算。扣除凸出地面构筑物、设备基础、室内铁道、地沟等所占面积,不扣除间壁墙及≤0.3 m^2 柱、垛、附墙烟囱及孔洞所占面积,门洞、空圈、暖气包槽、壁龛的开口部分不增加面积。

(2)块料面层、橡塑面层。

1)块料面层、橡塑面层及其他材料面层按设计图示尺寸以面积计算,门洞、空圈、暖气包槽、壁龛的开口部分并入相应的工程量内。

2)石材拼花按最大外围尺寸以矩形面积计算,有拼花的石材地面按设计图示尺寸扣除拼花的最大外围矩形面积计算。

3)点缀按"个"计算,计算主体铺贴地面面积时,不扣除点缀所占面积。

4)石材底面刷防护液包括侧面涂刷,工程量按设计图示尺寸以底面积计算。

5)石材表面刷保护液按设计图示尺寸以表面积计算。

6)石材勾缝按石材设计图示尺寸以面积计算。

例题 6.2.1

某建筑物一层局部平面布置如图 2.2.2 所示,室内装饰做法如表 6-2-1 所示,试计算楼地面装饰工程工程量。

表 6-2-1　室内装饰做法

楼面-1	大理石楼面
构造做法	1. 30 mm 厚 800 mm×800 mm 大理石面层 2. 1∶3 干硬性水泥浆结合层,表面撒水泥粉 3. 水泥浆一道(内掺建筑胶) 4. 钢筋混凝土楼板

续表

楼面-1	大理石楼面
适用部位	财务室
楼面-2	水泥砂浆楼面
构造做法	1. 20 mm 厚 1 : 3 水泥砂浆面层，随打随抹光 2. 钢筋混凝土楼板
适用部位	办公室

大理石楼面工程量计算如下。

$S=(3.55-0.1\times2)\times(5.9+0.325-0.3-0.1)+1.0\times0.1=19.61(m^2)$（不考虑柱垛）

$S=(3.55-0.1\times2)\times(5.9+0.325-0.3-0.1)-(0.65-0.3)\times(0.325-0.1)+1.0\times0.1$
$=19.53(m^2)$（扣柱垛）

水泥砂浆楼面工程量计算如下。

$S_1=(3.55+0.325-0.3-0.1)\times(8.0+0.325\times2-0.3\times2)=27.97(m^2)$

$S_2=(3.55-0.1\times2)\times(5.9+0.325-0.3-0.1)\times2=39.03(m^2)$

$S=S_1+S_2=27.97+39.03=67.0(m^2)$

（3）踢脚线按设计图示长度乘以高度以面积计算，楼梯靠墙踢脚线（含锯齿形部分）贴块料按设计图示面积计算。

（4）楼梯面层按设计图示尺寸以楼梯（包括踏步、休息平台及≤500 mm 的楼梯井）水平投影面积计算。楼梯与楼地面相连时，算至梯口梁内侧边沿；无梯口梁者，算至最上一层踏步边沿加 300 mm。带门或门洞的封闭楼梯间按楼梯间整体水平投影面积计算。

（5）台阶面层按设计图示尺寸以台阶（包括最上层踏步边沿加 300 mm）水平投影面积计算。

（6）零星项目按设计图示尺寸以面积计算。

（7）分格嵌条按设计图示尺寸以“延长米”计算。

（8）块料楼地面做酸洗、打蜡者，按设计图示尺寸以表面积计算。

6.2.3 任务小结

本任务介绍了整体面层及找平层、块料面层、其他材料面层、踢脚线、楼梯面层、台阶装饰和零星装饰项目等楼地面装饰工程中常见项目的工程量计算方法。要求了解工程量清单各项目名称设置内容，理解计算规则，掌握楼地面装饰工程工程量的计算方法；熟练操作软件，并能够运用软件计算项目工程量。

6.2.4 知识拓展

楼面和地面统称为楼地面，一般来说，与地基接触的那一层为地面，地面以上各楼层所在面为楼面。比较楼面和地面的做法，如表 6-2-2 所示。

表 6-2-2　比较楼面和地面的做法

楼面-1	水泥砂浆楼面
构造做法	1. 20 mm 厚 1：2 水泥砂浆抹面，压实赶光 2. 40 mm 厚 C20 细石混凝土垫层 3. 钢筋混凝土楼板结构层
地面-1	水泥砂浆地面
构造做法	1. 20 mm 厚 1：2 水泥砂浆抹面，压实赶光 2. 80 mm 厚 C15 混凝土垫层 3. 100 mm 厚碎石灌 M2.5 水泥砂浆 4. 素土夯实

假设楼面-1 工程量为 100 m^2，则有

水泥砂浆楼面面层工程量 $S=100(m^2)$

细石混凝土垫层工程量 $V=100\times0.04=4(m^3)$

假设地面-1 工程量为 100 m^2，则有

水泥砂浆地面面层工程量 $S=100(m^2)$

混凝土垫层工程量 $V=100\times0.08=8(m^3)$

碎石灌浆垫层工程量 $V=100\times0.1=10(m^3)$

6.2.5　岗课赛证

（1）（单选）根据《规范》，下列关于楼地面工程工程量清单说法正确的是（　　）。

A. 水泥砂浆楼地面清单描述内容包括找平层厚度、砂浆配合比、水泥浆遍数、面层厚度、砂浆配合比、面层做法要求

B. 细石混凝土楼地面清单工程量计算规则按体积计算

C. 按设计管底垫层面积乘以深度计算

D. 踢脚线项目工程量清单计量单位可以按平方米计量，也可以按米计量

任务 6.3　楼地面装饰工程清单计价

【知识目标】

（1）理解楼地面装饰工程综合单价构成内容。

（2）学会楼地面装饰工程工程量清单计价方法。

【能力目标】

(1)能够合理应用楼地面装饰工程定额。
(2)能够对楼地面装饰工程进行清单计价。
(3)能够运用软件编制楼地面装饰工程工程量清单计价文件。

【素养目标】

(1)培养积极向上的学习态度和工匠精神。
(2)培养团队意识,分工协作,提高效率,共同完成任务。

6.3.1 任务分析

编制工程量清单计价文件是工程造价从业人员应具备的基本能力。在招投标阶段常有编制工程量清单、招标控制价、投标报价等具体应用。本任务的目标是根据楼地面装饰工程工程量清单项目特征及相关施工方法套用定额项目进行清单计价。

6.3.2 相关知识

1.《装饰定额》中关于楼地面装饰工程定额项目划分及应用的常见规定

(1)水磨石地面水泥石子浆的配合比,设计与定额不同时,可以调整。
(2)同一铺贴面上有不同种类、材质的材料,应分别按相应项目执行。
(3)厚度≤60 mm 的细石混凝土找平层按找平层项目执行,厚度>60 mm 的按混凝土及钢筋混凝土工程的垫层项目执行。
(4)采用地暖的地板垫层,按不同材料执行相应项目,人工乘以系数 1.3,材料乘以系数 0.95。
(5)块料面层。
1)镶贴块料项目按规格材料考虑,如需现场倒角、磨边者按相应项目执行。
2)石材楼地面拼花按成品考虑。
3)镶嵌规格在 100 mm×100 mm 以内的石材执行点缀项目。
4)玻化砖按陶瓷地面砖相应项目执行。
5)石材楼地面需做分格、分色的,按相应项目人工乘以系数 1.10。
(6)木地板。
1)木地板安装按成品企口考虑,若采用平口安装,人工乘以系数 0.85。
2)木地板填充材料执行保温、隔热、防腐工程相应项目。
(7)弧形踢脚线、楼梯段踢脚线按相应项目人工、机械乘以系数 1.15。
(8)石材螺旋形楼梯,按弧形楼梯项目人工乘以系数 1.2。
(9)零星项目面层适用于楼梯侧面、台阶的牵边、小便池、蹲台、池槽,以及面积在 1 m^2

以内且未列项目的工程。

（10）圆弧形等不规则地面镶贴面层、饰面面层按相应项目人工乘以系数 1.15，块料消耗量按实调整。

（11）水磨石地面包含酸洗、打蜡，其他块料项目如需做酸洗、打蜡者，单独执行相应酸洗、打蜡项目。

2. 楼地面装饰工程定额项目的套用方法

楼地面装饰工程施工内容一般以做法表的形式展现。首先看面层的做法，如整体面层包括水泥砂浆面层、细石混凝土面层、自流平、水磨石地面；而大理石地面、花岗岩地面、地面砖等属于块料面层；或是其他面层，如地板、地毯；或者是与地面相关的如楼梯面层、台阶装饰、踢脚线等项目。然后根据进一步详细的信息确定合理的定额名称。当施工图的设计要求与定额项目内容一致时，可以直接套用。如例题 6.2.1 的室内装饰做法表，以楼面-1 为例，可以套用定额 B1-0018 石材楼地面（每块面积 0.64 m^2 以内）、楼-2 面可以套用 B1-0006 水泥砂浆楼地面（混凝土或硬基层上）。一般情况下，大多数的项目可以直接套用定额，如果定额材料及消耗量与设计不同，需要进行换算。

3. 楼地面装饰工程中定额项目

楼地面装饰工程中常见的定额项目如表 6-3-1 所示。

表 6-3-1 楼地面装饰工程中常见的定额项目

单位工程预算书

工程名称：建筑工程

序号	定额编号	子目名称	工程量		价值		其中（元）	
			单位	数量	单价	合价	人工费	材料费
1	B1-0001	平面砂浆找平层 混凝土或硬基层上 20 mm	m^2		17.53			
2	B1-0002	平面砂浆找平层 填充材料上 20 mm	m^2		21.32			
3	B1-0003	平面砂浆找平层 每增减 1 mm	m^2		0.63			
4	B1-0004	细石混凝土地面找平层 30 mm	m^2		28.1			
5	B1-0005	细石混凝土地面找平层每增减 1 mm	m^2		0.67			
6	B1-0006	水泥砂浆楼地面 混凝土或硬基层上 20 mm	m^2		21.5			
7	B1-0007	水泥砂浆楼地面 填充材料上 20 mm	m^2		26.1			
8	B1-0008	水泥砂浆楼地面 每增减 1 mm	m^2		0.69			
9	B1-0017	块料面层 石材楼地面 每块面积 0.36 m^2 以内	m^2		206.61			

续表

序号	定额编号	子目名称	工程量		价值		其中(元)	
			单位	数量	单价	合价	人工费	材料费
10	B1-0018	块料面层　石材楼地面　每块面积 0.64 m^2 以内	m^2		128.31			
11	B1-0019	块料面层　石材楼地面　每块面积 0.64 m^2 以外	m^2		141.8			
12	B1-0030	块料面层　陶瓷地面砖 0.10 m^2 以内	m^2		62.09			
13	B1-0031	块料面层　陶瓷地面砖 0.36 m^2 以内	m^2		80.01			
14	B1-0032	块料面层　陶瓷地面砖 0.64 m^2 以内	m^2		95.23			
15	B1-0033	块料面层　陶瓷地面砖 0.64 m^2 以外	m^2		106.85			
16	B1-0042	块料面层　水泥花砖	m^2		44.46			
17	B1-0043	块料面层　广场砖　拼图案	m^2		69.47			
18	B1-0044	块料面层　广场砖　不拼图案	m^2		65.35			
19	B1-0052	其他材料面层　条形成品实木地板　铺在细木工板上	m^2		196.87			
20	B1-0053	其他材料面层　条形成品实木地板　铺在单层木龙骨上	m^2		163.92			
21	B1-0054	其他材料面层　条形成品复合地板　铺在水泥地面上	m^2		112.79			
22	B1-0055	其他材料面层　条形成品复合地板　铺在单层木楞上	m^2		121.54			
23	B1-0056	其他材料面层　铝合金防静电活动地板安装	m^2		279.64			
24	B1-0057	踢脚线　水泥砂浆	m^2		54.18			
25	B1-0058	石材踢脚线	m^2		163.85			
26	B1-0059	陶瓷地面砖踢脚线	m^2		114.41			
27	B1-0064	木质踢脚线	m^2		183.96			
28	B1-0065	金属踢脚线	m^2		174.15			
29	B1-0067	水泥砂浆楼梯面层 20 mm	m^2		31.75			
30	B1-0068	水泥砂浆楼梯面层　每增减 1 mm	m^2		1.45			
31	B1-0071	楼梯面层　陶瓷地面砖	m^2		159.58			
32	B1-0079	台阶装饰　水泥砂浆台阶面层 20 mm	m^2		31.13			
33	B1-0080	台阶装饰　水泥砂浆台阶面层　每增减 1 mm	m^2		1.01			

续表

序号	定额编号	子目名称	工程量		价值		其中(元)	
			单位	数量	单价	合价	人工费	材料费
34	B1-0083	台阶装饰 台阶面层 陶瓷地面砖	m²		134.13			
35	B1-0091	楼梯、台阶踏步防滑条铜嵌条 4×6	m		19.63			
36	B2-0001	一般抹灰 内墙(14+6)mm	m²		25.39			
37	B2-0002	一般抹灰 外墙(14+6)mm	m²		28.09			
38	B2-0003	一般抹灰 内墙 每增减 1 mm 厚	m²		0.74			
39	B2-0004	一般抹灰 外墙 每增减 1 mm 厚	m²		0.79			
40	B2-0007	一般抹灰 轻质墙	m²		25.51			

4. 楼地面装饰工程工程量清单综合单价构成

例题 6.3.1

根据例题 6.2.1 的内容,对楼地面装饰工程等项目进行清单组价,如表 6-3-2 所示。

表 6-3-2 例题 6.3.1 表

分部分项工程和单价措施项目清单综合单价分析表

工程名称:建筑工程

序号	编码	清单/定额名称	单位	数量	综合单价(元)	其中					合价(元)
						人工费	材料费	机械费	管理费	利润	
28	011102001002	石材楼地面	m²	19.61	151.91	38.73	97.35	0.82	7.97	7.04	2 978.96
	B1-1018	现拌砂浆石材楼地面每块 0.64 m² 以内	100 m²	0.196 1	15 190.78	3 872.55	9 735.17	81.92	797.04	704.1	2 978.91
29	011101001001	水泥砂浆楼地面	m²	67	30.34	16.97	5.97	0.82	3.49	3.09	2 032.78
	B1-1006 换	现拌砂浆 水泥砂浆楼地面 20 mm 混凝土或硬基层上 换为【水泥砂 1∶3】	100 m²	0.67	3 033.84	1 697.19	596.84	81.92	349.31	308.58	2 032.67

6.3.3 任务小结

本任务主要介绍了楼地面装饰工程工程量清单计价的方法,学会根据清单项目特征的内容套用计价定额,根据实际需要进行定额换算,并完成楼地面装饰工程工程量清单计价,理解楼地面装饰工程综合单价的构成。

6.3.4 知识拓展

定额增减项目的应用。

室内地面工程装饰做法及工程量如表 6-3-3 所示。

表 6-3-3　室内地面工程装饰做法及工程量

楼面-1	细石混凝土面层	工程量
构造做法	1. 水泥砂浆面层加浆抹光，随捣随抹 5 mm 2. 40 mm 厚 C20 细石混凝土 3. 钢筋混凝土楼板	100 m²

进行清单组价，如表 6-3-4 所示。

表 6-3-4　室内地面工程量清单组价

分部分项工程和单价措施项目清单综合单价分析表

工程名称：建筑工程

序号	编码	清单/定额名称	单位	数量	综合单价（元）	其中					合价（元）
						人工费	材料费	机械费	管理费	利润	
1	011101003001	细石混凝土楼地面	m²	129	61.22	28.35	21.72	0.17	5.83	5.15	7 897.38
	B1-0098	水泥砂浆面层加浆抹光随捣随抹 5 mm	100 m²	1.29	1 631.7	907.67	354.84	17.35	186.81	165.03	2 104.89
	B1-0004	细石混凝土地面找平层 30 mm	100 m²	1.29	3 670.93	1 662.54	1 363.93		342.18	302.28	4 735.5
	B1-0005 × 10	细石混凝土地面找平层每增减 1 mm 单价 ×10	100 m²	1.29	819.21	264	452.87		54.34	48	1 056.78

6.3.5　岗课赛证

（1）熟悉《装饰定额》楼地面装饰工程定额项目构成内容，包括定额编号、项目名称、定额计价、人材机组成。

（2）（多选）根据《规范》，下列关于楼地面装饰工程的描述正确的是（　　）。

A. 水磨石地面水泥石子浆的配合比，设计与定额不同时，可以调整

B. 石材螺旋形楼梯，按弧形楼梯项目人工乘以系数 1.2

C. 石材楼地面需做分格、分色的，按相应项目人工乘以系数 1.10

D. 厚度≤60 mm 的细石混凝土找平层按找平层项目执行

E. 厚度>60 mm 的按混凝土及钢筋混凝土工程的垫层项目执行

项目 7　墙面装饰工程计量计价

任务 7.1　墙面装饰工程工程量清单编制

【知识目标】

(1)理解墙面装饰工程工程量清单项目设置依据。
(2)掌握墙面装饰工程工程量清单编制方法。

【能力目标】

(1)能够根据《规范》要求及施工图内容设置墙面装饰工程清单项目名称。
(2)能够准确描述墙面装饰工程清单项目特征。
(3)能够运用造价软件编制墙面装饰工程工程量清单。

【素养目标】

(1)积极参与小组讨论,共同研讨确定墙面装饰工程清单项目名称。
(2)养成良好的学习习惯,培养踏实的工作作风。

7.1.1　任务分析

工程量清单是工程量清单计价的基础,工程量清单的编制是工程造价从业人员应具备的基本能力。本任务包括以下三方面内容。

(1)理解墙面装饰工程清单项目名称设置依据。
(2)学会墙面装饰工程清单项目特征描述方法。
(3)能够运用造价软件编制墙面装饰工程工程量清单。

7.1.2　相关知识

1. 墙面装饰工程中常见的清单项目

根据《规范》,墙面装饰工程中常见的清单项目如表 7-1-1 所示。在编制工程量清单时,可根据图纸内容，选择相应项目编码、项目名称和计量单位，并结合项目特征描述要求准确描述拟编制清单的项目特征。

表 7-1-1　墙面

<table>
<tr><th>项目编码</th><th>项目名称</th><th>项目特征</th><th>计量单位</th><th>工程量计算规则</th><th>工作内容</th></tr>
<tr><td>011201001</td><td>墙面一般抹灰</td><td rowspan="2">1. 墙体类型
2. 底层厚度、砂浆配合比
3. 面层厚度、砂浆配合比
4. 装饰面材料种类
5. 分隔缝宽度、材料种类</td><td rowspan="4">m^2</td><td rowspan="4">按设计图示尺寸以面积计算。扣除墙裙、门窗洞口及单个面积>0.3 m^2 的孔洞，不扣除踢脚线、挂镜线和墙与构件交接处的面积，门窗洞口和孔洞的侧壁及顶面不增加面积。附墙柱、梁、垛、烟囱侧壁并入相应的墙面面积内
1. 外墙抹灰面积按外墙垂直投影面积计算
2. 外墙裙抹灰面积按其长度乘以高度计算
3. 内墙抹灰面积按主墙间的净长乘以高度计算
（1）无墙裙的，高度按室内楼地面至天棚底面计算
（2）有墙裙的，高度按墙裙顶至天棚底面计算
（3）有吊顶天棚抹灰，高度算至天棚底
4. 内墙裙抹灰面按内墙净长乘以高度计算</td><td rowspan="2">1. 基层清理
2. 砂浆制作运输
3. 底层抹灰
4. 抹面层
5. 抹装饰面
6. 勾分隔缝</td></tr>
<tr><td>011201002</td><td>墙面装饰抹灰</td></tr>
<tr><td>011201003</td><td>墙面勾缝</td><td>1. 勾缝类型
2. 勾缝材料种类</td><td>1. 基层清理
2. 砂浆制作运输
3. 勾缝</td></tr>
<tr><td>011201004</td><td>立面砂浆找平层</td><td>1. 基层类型
2. 找平层砂浆厚度、配合比</td><td>1. 基层清理
2. 砂浆制作运输
3. 抹灰找平</td></tr>
<tr><td>011203001</td><td>零星项目一般抹灰</td><td rowspan="2">1. 基层类型、部位
2. 底层厚度、砂浆配合比
3. 面层厚度、砂浆配合比
4. 装饰面材料种类
5. 分隔缝宽度、材料种类</td><td rowspan="3">m^2</td><td rowspan="3">按设计图示尺寸以面积计算</td><td rowspan="2">1. 基层清理
2. 砂浆制作运输
3. 底层抹灰
4. 抹面层
5. 抹装饰面
6. 勾分隔缝</td></tr>
<tr><td>011203002</td><td>零星项目装饰抹灰</td></tr>
<tr><td>011203003</td><td>零星项目砂浆找平</td><td>1. 基层类型
2. 找平层砂浆厚度、配合比</td><td>1. 基层清理
2. 砂浆制作运输
3. 抹灰找平</td></tr>
<tr><td>011204001</td><td>石材墙面</td><td rowspan="2">1. 墙体类型
2. 安装方式
3. 面层材料品种、规格、颜色
4. 缝宽、嵌缝材料种类
5. 防护材料种类
6. 磨光、酸洗、打蜡要求</td><td rowspan="2">m^2</td><td rowspan="2">按镶贴表面积计算</td><td rowspan="2">1. 基层清理
2. 砂浆制作运输
3. 黏结层铺贴
4. 面层安装
5. 嵌缝
6. 刷防护材料
7. 磨光、酸洗、打蜡</td></tr>
<tr><td>011204003</td><td>块料墙面</td></tr>
<tr><td>011204004</td><td>干挂石材</td><td>1. 骨架种类、规格
2. 防锈漆品种、遍数</td><td>t</td><td>按设计图示以质量计算</td><td>1. 骨架制作、运输、安装
2. 刷漆</td></tr>
</table>

续表

项目编码	项目名称	项目特征	计量单位	工程量计算规则	工作内容
011207001	墙面装饰板	1. 龙骨材料种类、规格、中距 2. 隔离层材料种类、规格 3. 基层材料种类、规格 4. 面层材料品种、规格、颜色 5. 压条材料种类、规格	m^2	按设计图示墙净长乘以净高以面积计算，扣除门窗洞口及单个面积>0.3 m^2 的孔洞所占面积	1. 基层清理 2. 龙骨制作运输、安装 3. 钉隔离层 4. 基层铺钉 5. 面层铺贴

2.《规范》关于墙面工程项目划分及应用的常见规定

（1）立面砂浆找平层项目适用于仅做找平层的立面抹灰。

（2）墙面抹石灰砂浆、水泥砂浆、混合砂浆、聚合物水泥砂浆、麻刀石灰浆、石膏灰浆等按墙面一般抹灰列项；墙面水刷石、斩假石、干粘石、假面砖等按墙面装饰抹灰列项。

（3）飘窗凸出外墙面增加的抹灰并入外墙工程量内。

（4）有吊顶天棚的内墙抹灰，抹至吊顶以上部分在综合单价中考虑。

（5）零星项目抹石灰砂浆、水泥砂浆、混合砂浆、聚合物水泥砂浆、麻刀石灰浆、石膏灰浆等按零星项目一般抹灰列项；水刷石、斩假石、干粘石、假面砖等按零星项目装饰抹灰编码列项。

（6）在描述碎块项目的面层材料特征时可不用描述规格、颜色。

（7）石材、块料与黏结材料的结合面刷防渗材料的种类在防护层的材料种类中描述。

（8）安装方式可描述为砂浆或黏结剂粘贴、挂贴、干挂等，不论哪种安装方式，都要描述与组价相关的内容。

7.1.3 任务小结

本任务主要目标是理解墙面装饰工程工程量清单设置依据，掌握编制墙面装饰工程工程量清单的方法，能够设置工程量清单项目名称，并准确描述工程量清单项目特征以及填写工程量，能够运用软件完成墙面装饰工程工程量清单编制。

7.1.4 知识拓展

墙面工程中的幕墙和隔断项目的清单项目设置、项目特征描述内容、计量单位及清单工程量计算规则如表 7-1-2 和表 7-1-3 所示。

(1)幕墙(表 7-1-2)。

表 7-1-2　幕墙

项目编码	项目名称	项目特征	计量单位	工程量计算规则	工作内容
011209001	带骨架幕墙	1. 骨架材料种类、规格、中距 2. 面层材料品种、规格、颜色 3. 面层固定方式 4. 隔离带、框边封闭材料品种、规格 5. 嵌缝、塞口材料种类	m^2	按设计图示尺寸以面积计算,带肋全玻幕墙按展开面积计算	1. 骨架制作、运输、安装 2. 面层安装 3. 隔离带、框边封闭 4. 嵌缝、塞口 5. 清洗
011209002	全玻(无框玻璃)幕墙	1. 玻璃品种、规格、颜色 2. 黏结塞口材料种类 3. 固定方式	m^2	按设计图示尺寸以面积计算	1. 幕墙安装 2. 嵌缝塞口 3. 清洗

(2)隔断(表 7-1-3)。

表 7-1-3　隔断

项目编码	项目名称	项目特征	计量单位	工程量计算规则	工作内容
011210001	木隔断	1. 骨架、边框材料种类、规格 2. 隔板材料品种、规格、颜色 3. 嵌缝、塞口材料品种 4. 压条材料种类	m^2	按设计图示框外尺寸以面积计算,不扣除≤0.3 m^2 的孔洞所占面积,浴厕门的材质与隔断相同时,门的面积并入隔断面积内	1. 骨架及边框制作、运输、安装 2. 隔板制作、运输、安装 3. 嵌缝、塞口 4. 装订压条
011210002	金属隔断	1. 骨架、边框材料种类、规格 2. 隔板材料品种、规格、颜色 3. 嵌缝、塞口材料品种	m^2		1. 骨架及边框制作、运输、安装 2. 隔板制作、运输、安装 3. 嵌缝、塞口
011210003	玻璃隔断	1. 边框材料种类、规格 2. 玻璃品种、规格、颜色 3. 嵌缝、塞口材料品种	m^2	按设计图示框外尺寸以面积计算,不扣除单个≤0.3 m^2 的孔洞所占面积	1. 边框制作、运输、安装 2. 玻璃制作、运输、安装 3. 嵌缝、塞口
011210005	成品隔断	1. 隔断材料品种、规格、颜色 2. 配件品种、规格	1. m^2 2. 间	1. 以平方米计量,按设计图示框外围尺寸以面积计算 2. 以间计量,按设计间的数量计算	1. 隔断运输、安装 2. 嵌缝、塞口

7.1.5　岗课赛证

(1)熟悉《规范》中墙面装饰工程清单项目相关内容,包括项目编码、项目名称、项目特征、计量单位、工作内容。

(2)(多选)根据《规范》,关于墙面装饰工程,常见的项目有(　　)。

A. 墙面一般抹灰　　B. 墙面装饰抹灰　　C. 石材墙面　　D. 块料墙面

E. 干挂石材

（3）（单选）根据《规范》，下列说法不正确的是（　　）。

A. 立面砂浆找平层项目适用于仅做找平层的立面抹灰

B. 飘窗凸出外墙面增加的抹灰并入外墙工程量内

C. 有吊顶天棚的内墙抹灰，抹至吊顶以上部分在综合单价中考虑

D. 在描述碎块项目的面层材料特征时必须描述规格、颜色

任务 7.2　墙面装饰工程工程量计算

【知识目标】

（1）理解墙面装饰工程工程量计算规则。

（2）学会墙面装饰工程工程量计算方法。

【能力目标】

（1）能够运用工程量计算规则计算墙面装饰工程工程量。

（2）能够完成墙面装饰工程的数字化建模。

（3）能够对墙面装饰工程的三维算量模型进行校验。

（4）能够运用算量软件完成墙面装饰工程清单工程量计算汇总。

【素养目标】

（1）鼓励独立思考，能够发现、提出并解决问题。

（2）培养团队意识，分工协作，提高效率，共同完成任务。

7.2.1　任务分析

墙面装饰工程中各分项工程工程量的计算是装饰工程造价的主要内容之一，也是造价人员在造价管理工作中应具备的最基本能力。本任务包括以下三方面内容。

（1）理解《规范》中关于墙面抹灰、零星抹灰、墙面块料面层、墙饰面、幕墙工程和隔断等项目工程量计算规则。

（2）依据工程量计算规则计算墙面装饰工程工程量。

（3）运用算量软件完成工程量计量工作。

7.2.2 工程量计算规则的应用

1. 抹灰

（1）内墙面、墙裙抹灰应扣除门窗洞口及单个面积>0.3 m² 的空圈所占面积，不扣除明踢脚线、挂镜线及单个面积≤0.3 m² 的孔洞和墙与构件交接处的面积，且门窗洞口、空圈和孔洞的侧壁面积亦不增加，附墙柱的侧面抹灰并入墙面、墙裙抹灰工程量内。

（2）内墙面、墙裙的长度以主墙间的图示净长计算，墙面高度按室内地面至天棚底面净高计算，墙面抹灰面积应扣除墙裙抹灰面积，如墙面和墙裙抹灰种类相同者，工程量合并计算。

（3）外墙抹灰面积按垂直投影面积计算，应扣除门窗洞口、外墙裙（墙面和墙裙抹灰种类相同者应合并计算）和单个面积>0.3 m² 的孔洞所占面积，不扣除单个面积≤0.3 m² 的孔洞所占面积，门窗洞口及孔洞侧壁面积亦不增加，附墙柱的侧面抹灰并入外墙面抹灰工程量内。

（4）柱抹灰按结构断面周长乘以抹灰高度计算。

（5）装饰线条抹灰按设计图示尺寸以长度计算。

（6）装饰抹灰分格嵌缝按抹灰面积计算。

（7）零星项目按设计图示尺寸以展开面积计算。

2. 块料面层

（1）挂贴石材零星项目中柱墩、柱帽按圆弧形成品考虑，按其圆的最大外径以周长计算；其他类型的柱帽、柱墩工程量按设计图示尺寸以展开面积计算。

（2）镶贴块料面层按镶贴表面面积计算。

（3）柱镶贴块料面层按设计图示饰面外围尺寸乘以高度以面积计算。

3. 墙饰面

（1）龙骨、基层、面层墙饰面项目按设计图示饰面尺寸以面积计算，扣除门窗洞口及单个面积>0.3 m² 的空圈所占面积，不扣除单个面积≤0.3 m² 的孔洞所占面积，门窗洞口及孔洞侧壁面积亦不增加。

（2）柱（梁）饰面的龙骨、基层、面层按设计图示饰面尺寸以面积计算，柱帽、柱墩并入相应柱面积计算。

4. 幕墙、隔断

（1）玻璃幕墙、铝板幕墙以框外围面积计算；半玻璃隔断、全玻璃幕墙如有加强肋者，工程量按其展开面积计算。

（2）隔断按设计图示框外围尺寸以面积计算，扣除门窗洞口及单个面积>0.3 m² 的空洞所占面积。

例题 7.2.1

参照例题 2.2.2 的图 2.2.2，内墙净高 2.8 m，财务室墙面装饰做法如表 7-2-1 所示，试计算墙面装饰工程量并编制清单。

表 7-2-1 财务室墙面装饰做法

墙裙-1	釉面砖墙裙（1 200 mm 高）
构造做法	1. 白水泥擦缝 2. 面砖（400 mm × 500 mm） 3. 5 mm 厚 1∶1 水泥砂浆（内掺水重 5%的 107 胶）结合层 4. 15 mm 厚 1∶3 水泥砂浆打底扫毛或划出纹道 5. 砌块基层
适用部位	财务室
墙面-1	乳胶漆墙面
构造做法	1. 刷乳胶漆 2. 1∶2.5 水泥砂浆 8 mm 厚抹光 3. 1∶3 水泥砂浆 12 mm 厚打底并划出纹道 4. 刷素水泥浆一道 5. 墙体
适用部位	财务室

石材墙裙工程量计算如下。

$S=[(3.55-0.1\times2)+(5.9+0.325-0.3-0.1)]\times2\times1.2-1.0\times1.2=20.82(\mathrm{m}^2)$

墙面一般抹灰工程量计算如下。

$S=[(3.55-0.1\times2)+(5.9+0.325-0.3-0.1)]\times2\times(2.8-1.2)-1.0\times(2.1-1.2)$
$=28.46(\mathrm{m}^2)$

编制清单如表 7-2-2 所示。

表 7-2-2 财务室墙面装饰工程量清单

序号	项目编码	项目名称	项目特征描述	计量单位	工程量	金额（元）		
						综合单价	合价	其中 暂估价
1	011204003001	块料墙面	1. 白水泥擦缝 2. 面砖（400 mm × 500 mm） 3. 5 mm 厚 1∶1 水泥砂浆（内掺水重 5%的 107 胶）结合层 4. 15 mm 厚 1∶3 水泥砂浆打底扫毛或划出纹道 5. 砌块基层	m^2	20.82			
2	011406001001	抹灰面油漆	刷乳胶漆	m^2	28.46			

续表

序号	项目编码	项目名称	项目特征描述	计量单位	工程量	金额(元)		
						综合单价	合价	其中 暂估价
3	011201001001	墙面一般抹灰	1. 1∶2.5 水泥砂浆 8 mm 厚抹光 2. 1∶3 水泥砂浆 12 mm 厚打底并划出纹道 3. 刷素水泥浆一道 4. 墙体	m^2	28.46			

7.2.3 任务小结

本任务介绍了墙面抹灰、零星抹灰、墙面块料面层、墙饰面、幕墙工程和隔断等墙面工程中常见项目的工程量计算方法。要求理解工程量计算规则，学会墙面装饰工程工程量的计算方法；熟练操作软件，并能够运用软件计算项目工程量。

7.2.4 知识拓展

墙面装饰线条计算举例，节点如图 7.2.1 所示。

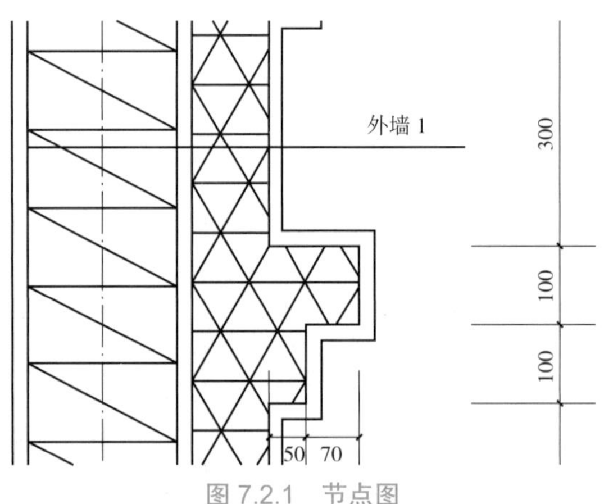

图 7.2.1 节点图

假设墙长 30 m，则有

装饰线条抹灰工程量 L=30(m)

装饰线条展开面积 S=(0.12+0.1+0.07+0.1+0.05)×30=13.2(m^2)

7.2.5 岗课赛证

(1)(多选)根据《规范》，下列关于墙面防水工程量计算正确的有(　　)。

A. 墙面涂膜防水按设计图示尺寸以质量计算
B. 墙面砂浆防水按设计图示尺寸以体积计算
C. 墙面变形缝按设计图示尺寸以长度计算
D. 墙面卷材防水按设计图示尺寸以面积计算
E. 墙面防水搭接用量按设计图示尺寸以面积计算

(2)(单选)根据《规范》,下列说法不正确的是(　　)。

A. 柱抹灰按结构断面周长乘以抹灰高度计算
B. 内墙面、墙裙的长度以主墙间的图示净长计算,墙面高度按室内地面至天棚顶面净高计算
C. 镶贴块料面层按镶贴表面面积计算
D. 柱(梁)饰面的龙骨、基层、面层按设计图示饰面尺寸以面积计算,柱帽、柱墩并入相应柱面积计算

任务7.3 墙面装饰工程清单计价

【知识目标】

(1)理解墙面装饰工程综合单价构成内容。
(2)学会墙面装饰工程工程量清单计价方法。

【能力目标】

(1)能够合理应用墙面装饰工程定额。
(2)能够对墙面装饰工程进行清单计价。
(3)能够运用软件编制墙面装饰工程工程量清单计价文件。

【素养目标】

(1)培养积极向上的学习态度和工匠精神。
(2)培养团队意识,分工协作,提高效率,共同完成任务。

7.3.1 任务分析

编制工程量清单计价文件是工程造价从业人员应具备的基本能力。在招投标阶段常有编制工程量清单、招标控制价、投标报价等具体应用。本任务的目标是根据墙面装饰工程工程量清单项目特征及相关施工方法套用定额项目进行清单计价。

7.3.2 相关知识

1.《装饰定额》中关于墙面装饰工程定额项目划分及应用的常见规定

(1)圆弧形、锯齿形、异形等不规则墙面抹灰、镶贴块料、幕墙按相应项目乘以系数1.15。

(2)女儿墙(包括泛水、挑砖)内侧、阳台栏板(不扣除花格所占孔洞面积)内侧与阳台栏板外侧抹灰工程量按其投影面积计算,块料按展开面积计算;女儿墙无泛水、挑砖者,人工及机械乘以系数1.10,女儿墙带泛水、挑砖者,人工及机械乘以系数1.30,按墙面相应定额执行;女儿墙外侧并入外墙计算。

(3)抹灰面层。

1)抹灰项目中砂浆配合比与设计不同者,按设计要求调整;如设计厚度与定额取定厚度不同者,按相应增减厚度项目调整。

2)砖墙中的钢筋混凝土梁、柱侧面抹灰并入相应墙面项目执行。

3)抹灰工程的零星项目适用于各种壁柜、碗柜、飘窗板、空调隔板、暖气罩、池槽、花台以及≤1 m^2 的其他各种零星抹灰。

4)抹灰工程的装饰线条适用于门窗套、挑檐、腰线、压顶、遮阳板外边、宣传栏边框等项目的抹灰,以及突出墙面且展开宽度≤300 mm 的竖、横线条抹灰。线条展开宽度>300 mm 且≤400 mm 者,按相应项目乘以系数1.33;线条展开宽度>400 mm 且≤500 mm 者,按相应项目乘以系数1.67。

(4)块料面层。

1)墙面贴块料、饰面高度在300 mm 以内者,按踢脚线项目执行。

2)玻化砖、干挂玻化砖或玻岩板,按面砖相应项目执行。

2. 墙面装饰工程定额项目的套用方法

墙面装饰工程与楼地面装饰工程类似,其施工内容一般以做法表的形式展现。对于一般抹灰来说,首先区分是内墙还是外墙,然后根据墙体材料是毛石墙还是轻质墙区分不同定额项目。装饰抹灰可以根据主要材料选择定额项目,如水刷石墙面、干粘白石子、斩假石墙面等;还可以根据施工方法及基层墙体类型区分拉条(砖墙面、混凝土墙面)或甩毛(砖墙面、混凝土墙面)等。块料墙面可以根据施工方法或面层材料选择合理的定额。如果定额内容和施工图纸内容一致,可以直接套用定额,如果定额材料及消耗量与设计不同,需要进行换算。

3. 墙面装饰工程中常见的定额项目

墙面装饰工程中常见的定额项目如表7-3-1所示。

表 7-3-1　墙面装饰工程中常见的定额项目

单位工程预算书								
工程名称:建筑工程								
序号	定额编号	子目名称	工程量		价值		其中(元)	
			单位	数量	单价	合价	人工费	材料费
1	B2-0001	一般抹灰　内墙(14+6)mm	m^2		25.39			
2	B2-0002	一般抹灰　外墙(14+6)mm	m^2		28.09			
3	B2-0003	一般抹灰　内墙每增减 1 mm 厚	m^2		0.74			
4	B2-0004	一般抹灰　外墙每增减 1 mm 厚	m^2		0.79			
5	B2-0007	一般抹灰　轻质墙	m^2		25.51			
6	B2-0009	墙面一般抹灰　贴玻纤网格布	m^2		9.16			
7	B2-0012	装饰抹灰　水刷石	m^2		42.33			
8	B2-0021	装饰抹灰　打底找平 15 mm 厚	m^2		19.67			
9	B2-0029	一般抹灰　零星抹灰	m^2		68.07			
10	B2-0033	石材墙面　挂贴石材	m^2		194.1			
11	B2-0035	石材墙面　粘贴石材　预拌砂浆(干混)	m^2		172.14			
12	B2-0045	墙面块料面层　陶瓷锦砖水泥石膏砂浆	m^2		102			
13	B2-0046	墙面块料面层　陶瓷锦砖粉状型建筑胶贴剂	m^2		106.79			
14	B2-0049	瓷板　每块面 0.025 m^2 以内　预样砂浆(干混)	m^2		77.9			
15	B2-0050	瓷板　每块面积 0.025 m^2 以内　粉状型建筑胶贴剂	m^2		83.6			
16	B2-0051	瓷板　每块面积 0.025 m^2 以外　预拌砂浆(干混)	m^2		84.05			
17	B2-0052	瓷板　每块面积 0.025 m^2 以外　粉状型建筑胶贴剂	m^2		89.73			
18	B2-0061	面砖　预样砂浆(干混)每块面积 ≤0.06 m^2	m^2		80.95			
19	B2-0062	面砖　预样砂浆(干混)每块面积 ≤0.20 m^2	m^2		96.89			
20	B2-0063	面砖　预拌砂浆(干混)每块面积 ≤0.64 m^2	m^2		127.73			
21	B2-0064	面砖　预拌砂浆(干混)每块面积 >0.64 m^2	m^2		134.19			

4. 墙面装饰工程工程量清单综合单价构成

例题 7.3.1

根据例题 7.2.1 清单内容,对墙面装饰工程等项目进行清单组价,如表 7-3-2 所示。

表 7-3-2 墙面装饰工程项目清单组价

分部分项工程和单价措施项目清单综合单价分析表

工程名称:建筑工程

序号	编码	清单/定额名称	单位	数量	综合单价（元）	其中					合价（元）
						人工费	材料费	机械费	管理费	利润	
1	011204003001	块料墙面	m^2	20.82	125.93	55.6	47.5	1.28	11.44	10.11	2 621.86
	B2-0062	面砖 预拌砂浆(干混)每块面积≤0.20 m^2	100 m^2	0.208 2	12 592.96	5 559.68	4 750.42	127.73	1 144.28	1 010.85	2 621.85
2	011406001002	抹灰面油漆	m^2	28.46	27.25	13.54	8.46		2.79	2.46	775.54
	B5-0209	乳胶漆室内墙面二遍	100 m^2	0.284 6	2 725.68	1 354.32	846.38		278.74	246.24	775.73
3	011201001002	墙面一般抹灰	m^2	28.46	36.3	21.98	4.43	1.37	4.52	4	1 033.1
	B2-0001	一般抹灰内墙(14+6)mm	100 m^2	0.284 6	3 630.02	2 198.13	443.23	136.58	452.42	399.66	1 033.1

7.3.3 任务小结

本任务主要介绍了墙面装饰工程工程量清单计价的方法,学会根据清单项目特征的内容套用计价定额,根据实际需要进行定额换算,完成墙面装饰工程工程量清单计价,并理解墙面装饰工程综合单价的构成。

7.3.4 知识拓展

1. 暂列金额和暂估价

暂列金额是指招标人在工程量清单中暂定并包括在合同价款中的一笔款项,用于工程合同签订时尚未确定或者不可预见的所需材料、设备、服务的采购,施工中可能发生的工程变更、合同约定调整因素出现时的工程价款调整以及发生索赔、现场签证等确认的费用。

(1)暂列金额包括在签约合同价之内,但并不直接属承包人所有,而是由发包人暂定并掌握使用的一笔款项。

(2)暂列金额的用途:由发包人用于在施工合同协议签订时尚未确定或者不可预见的在施工过程中所需材料、工程设备、服务的采购;由发包人用于施工过程中合同约定的各种合同价款调整因素出现时的合同价款调整以及索赔、现场签证确认的费用;其他用于该工程并由发承包双方认可的费用。

暂估价是指招标人在工程清单中提供的用于支付必然发生但暂时不能确定价格的材料、工程设备的单价以及专业工程的金额。

2. 索赔和现场签证

索赔是指在合同履行过程中,对于非己方的过错而应由对方承担责任的情况造成的损失,按合同约定或法律法规规定应由对方承担责任,从而向对方提出补偿的要求。

现场签证是指发包人现场代表(或其授权的监理人、工程造价咨询人)与承包人现场代表就施工过程中涉及的责任事件所做的签证证明。

7.3.5　岗课赛证

(1)熟悉《规范》中墙面装饰工程工程量清单项目相关内容,如项目编码、项目名称、项目特征、计量单位、工作内容。

(2)(多选)根据《规范》,下列关于墙面装饰工程描述正确的有(　　)。

A. 砖墙中的钢筋混凝土梁、柱侧面抹灰并入相应墙面项目执行

B. 墙面贴块料、饰面高度在 300 mm 以内者,按踢脚线项目执行

C. 玻化砖、干挂玻化砖或玻岩板按面砖相应项目执行

D. 抹灰工程的零星项目适用于各种壁柜、碗柜、飘窗板、空调隔板、暖气罩、池槽、花台以及≤1 m^2 的其他各种零星抹灰

项目 8　天棚工程计量计价

任务 8.1　天棚工程工程量清单编制

【知识目标】

(1)理解天棚工程工程量清单项目设置依据。
(2)掌握天棚工程工程量清单编制方法。

【能力目标】

(1)能够根据《规范》要求及施工图内容设置天棚工程清单项目名称。
(2)能够准确描述天棚工程清单项目特征。
(3)能够运用造价软件编制天棚工程工程量清单。

【素养目标】

(1)积极参与小组讨论,共同研讨确定天棚工程清单项目名称。
(2)养成良好的学习习惯,培养踏实的工作作风。

8.1.1　任务分析

工程量清单是工程量清单计价的基础,工程量清单的编制是工程造价从业人员应具备的基本能力。本任务包括以下三方面内容。

(1)理解天棚工程中清单项目名称设置依据。
(2)学会天棚工程清单项目特征描述方法。
(3)能够运用造价软件编制天棚工程工程量清单。

8.1.2　相关知识

1. 天棚工程中常见的清单项目

根据《规范》,装饰工程中常见的清单项目如表 8-1-1 至表 8-1-3 所示。在编制工程量清单时,可根据图纸内容,选择相应项目编码、项目名称和计量单位,并结合项目特征描述要求准确描述拟编制清单的项目特征。

表 8-1-1 天棚

项目编码	项目名称	项目特征	计量单位	工程量计算规则	工作内容
011301001	天棚抹灰	1. 基层类型 2. 抹灰厚度、材料种类 3. 砂浆配合比	m^2	按设计图示尺寸以水平投影面积计算	1. 基层清理 2. 底层抹灰 3. 抹面层

表 8-1-2 天棚吊顶

项目编码	项目名称	项目特征	计量单位	工程量计算规则	工作内容
011302001	吊顶天棚	1. 吊顶形式、吊杆规格、高度 2. 龙骨材料种类、规格、中距 3. 基层材料种类、规格 4. 面层材料种类、规格 5. 压条材料种类、规格 6. 嵌缝材料种类 7. 防护材料种类	m^2	按设计图示尺寸以水平投影面积计算,天棚面中的灯槽及跌级、锯齿形、吊挂式、藻井式天棚面积不展开计算,不扣除间壁墙、检查口、附墙烟囱、柱垛和管道所占面积,扣除单个面积 $>0.3\ m^2$ 的孔洞、独立柱及与天棚相连的窗帘盒所占面积	1. 基层清理、吊杆安装 2. 龙骨安装 3. 基层板铺贴 4. 面层铺贴 5. 嵌缝 6. 刷防护材料
011302002	隔栅吊顶	1. 龙骨材料种类、规格、中距 2. 基层材料种类、规格 3. 面层材料种类、规格 4. 防护材料种类	m^2	按设计图示尺寸以水平投影面积计算	1. 基层清理、吊杆安装 2. 安装龙骨 3. 基层板铺贴 4. 面层铺贴 5. 刷防护材料

表 8-1-3 采光天棚

项目编码	项目名称	项目特征	计量单位	工程量计算规则	工作内容
011303001	采光天棚	1. 骨架类型 2. 固定类型、固定材料品种、规格 3. 面层材料品种、规格 4. 嵌缝、塞口材料种类	m^2	按设计图示尺寸以水平投影面积计算,不扣除间壁墙、垛、柱、附墙烟囱、检查口和管道所占面积,带梁天棚的梁两侧抹灰面积并入天棚面积内,板式楼梯底面抹灰按斜面积计算	1. 基层清理 2. 底层抹灰 3. 抹面层

2.《规范》关于天棚工程项目划分及应用的常见规定

(1)采光天棚骨架不包括在工作内容中,应单独按《规范》附录 F 金属结构工程相应项目编码列项。

(2)天棚装饰刷油漆、涂料以及裱糊,按《规范》附录 P 油漆、涂料、裱糊工程相应项目编码列项。

8.1.3 任务小结

本任务主要目标是理解天棚工程工程量清单设置依据,掌握编制天棚工程工程量清单的方法,能够设置工程量清单项目名称,并准确描述工程量清单项目特征以及填写工程量,能够运用软件完成天棚工程工程量清单编制。

8.1.4 知识拓展

1. 根据《规范》,抹灰面油漆工程常见清单项目如表 8-1-4 所示

表 8-1-4 抹灰面油漆

项目编码	项目名称	项目特征	计量单位	工程量计算规则	工作内容
011406001	抹灰面油漆	1. 基层类型 2. 腻子种类 3. 刮腻子遍数 4. 防护材料种类 5. 油漆品种刷漆遍数 6. 部位	m^2	按设计图示尺寸以面积计算	1. 基层清理 2. 刮腻子 3. 刷防护材料、油漆
011406002	抹灰线条油漆	1. 线条宽度、道数 2. 腻子种类 3. 刮腻子遍数 4. 防护材料种类 5. 油漆品种刷漆遍数	m	按设计图示尺寸以长度计算	
011406003	满刮腻子	1. 基层类型 2. 腻子种类 3. 刮腻子遍数	m^2	按设计图示尺寸以面积计算	1. 基层清理 2. 刮腻子

注:满刮腻子项目只适用于仅做“满刮腻子”的项目,不得将抹灰面油漆和刷涂料中“刮腻子”内容单独分出执行满刮腻子项目。

2. 根据《规范》,喷刷涂料工程常见清单项目如表 8-1-5 所示。

表 8-1-5　喷刷涂料

项目编码	项目名称	项目特征	计量单位	工程量计算规则	工作内容
011407001	墙面喷刷涂料	1. 基层类型 2. 喷刷涂料部位 3. 腻子种类 4. 刮腻子要求 5. 涂料品种、喷刷遍数	m^2	按设计图示尺寸以面积计算	1. 基层清理 2. 刮腻子 3. 喷刷涂料
011407002	天棚喷刷涂料			按设计图示尺寸以单面外围面积计算	
011407004	线条刷涂料	1. 基层清理 2. 线条宽度 3. 刮腻子遍数 4. 刷防护材料、油漆	m	按设计图示尺寸以长度计算	

注:喷刷墙面涂料部位要注明内墙或外墙。

8.1.5　岗课赛证

(1)熟悉《规范》中天棚工程清单项目相关内容,包括项目编码、项目名称、项目特征、计量单位、工作内容。

(2)(多选)根据《规范》,关于天棚工程常见的项目有(　　)。

A. 天棚抹灰　　B. 吊顶天棚　　C. 采光天棚　　D. 隔栅吊顶

任务 8.2　天棚工程工程量计算

【知识目标】

(1)理解天棚工程工程量计算规则。

(2)学会天棚工程工程量计算方法。

【能力目标】

(1)能够运用工程量计算规则计算天棚工程工程量。

(2)能够完成天棚工程的数字化建模。

(3)能够对天棚工程的三维算量模型进行校验。

(4)能够运用算量软件完成天棚工程清单工程量计算汇总。

【素养目标】

(1)鼓励独立思考,能够发现、提出并解决问题。
(2)培养团队意识,分工协作,提高效率,共同完成任务。

8.2.1 任务分析

天棚工程中各分项工程工程量的计算是装饰工程造价的主要内容之一,也是造价人员在造价管理工作中应具备的最基本能力。本任务包括以下三方面内容。

(1)理解《规范》中关于天棚抹灰、天棚吊顶和采光天棚等项目工程量计算规则。
(2)依据工程量计算规则计算天棚工程工程量。
(3)运用算量软件完成工程量计量工作。

8.2.2 工程量计算规则的应用

1. 天棚抹灰

按设计结构尺寸以展开面积计算天棚抹灰,不扣除间壁墙、垛、柱、附墙烟囱、检查口和管道所占面积,带梁天棚的梁两侧抹灰面积并入天棚面积内,板式楼梯底面抹灰面积(包括踏步、休息平台以及宽度≤500 mm 的楼梯井)按水平投影面积乘以系数 1.15 计算,锯齿形楼梯底板抹灰面积(包括踏步、休息平台以及宽度≤500 mm 的楼梯井)按水平投影面积乘以系数 1.37 计算。

2. 天棚吊顶

(1)天棚龙骨按主墙间水平投影面积计算,不扣除间壁墙、垛、柱、附墙烟囱、检查口和管道所占面积,扣除单个面积>0.3 m² 的孔洞、独立柱及天棚相连的窗帘盒所占面积,斜面龙骨按斜面计算。

(2)天棚吊顶的基层和面层均按设计尺寸以展开面积计算,天棚面中的灯槽及跌级、阶梯式、锯齿形、吊挂式、藻井式天棚面积按展开面积计算,不扣除间壁墙、检查口、附墙烟囱和管道所占面积,扣除单个面积>0.3 m² 的孔洞、独立柱及与天棚相连的窗帘盒所占面积。

例题 8.2.1

参照例题 2.2.2 的图 2.2.2,财务室天棚做法如表 8-2-1 所示,试计算天棚工程量。

表 8-2-1 财务室天棚做法

天棚-1	乳胶漆天棚
构造做法	1. 刷乳胶漆 2. 刷素水泥浆一道(内掺建筑胶) 3. 钢筋混凝土板底
适用部位	财务室

天棚工程量计算如下。

$$S=(3.55-0.1\times2)\times(5.9+0.325-0.3-0.1)=19.51(m^2)$$

8.2.3　任务小结

本任务介绍了天棚抹灰、天棚吊顶等天棚工程中常见项目的工程量计算方法。要求理解天棚工程工程量计算规则，掌握天棚工程工程量的计算方法；熟练操作软件，并能够运用软件计算项目工程量。

8.2.4　知识拓展

根据《规范》，其他装饰工程常见清单项目如表 8-2-2 至表 8-2-4 所示。

表 8-2-2　柜类

项目编码	项目名称	项目特征	计量单位	工程量计算规则	工作内容
011501001	柜台	1. 台柜规格 2. 材料种类、规格 3. 五金种类、规格 4. 防护材料种类 5. 油漆品种、刷漆遍数	1. 个 2. m 3. m^3	1. 以个计量，按设计图示数量计量 2. 以米计量，按设计图示尺寸以延长米计算 3. 以立方米计量，按设计图示尺寸以体积计算	1. 柜台制作、运输、安装（安放） 2. 防护材料刷油漆 3. 五金件安装
011501002	酒柜				
011501003	衣柜				

表 8-2-3　压条、装饰线

项目编码	项目名称	项目特征	计量单位	工程量计算规则	工作内容
011502001	金属装饰线	1. 基层类型 2. 线条材料品种、规格、颜色 3. 防护材料种类	m	按设计图示尺寸以长度计算	1. 线条制作、安装 2. 刷防护材料
011502002	木质装饰线				
011502003	石材装饰线				

表 8-2-4　扶手、栏杆、栏板

项目编码	项目名称	项目特征	计量单位	工程量计算规则	工作内容
011503001	金属扶手、栏杆、栏板	1. 扶手材料种类、规格 2. 栏杆材料种类、规格 3. 栏板材料种类、规格 4. 固定配件种类 5. 防护材料种类	m	按设计图示尺寸以扶手中心线长度（包括弯头长度）计算	1. 制作 2. 运输 3. 安装 4. 刷防护材料
011503002	硬木扶手、栏杆、栏板				
011503003	塑料扶手、栏杆、栏板				
011503008	玻璃栏板	1. 栏杆玻璃种类 2. 固定方式 3. 固定配件种类			

8.2.5 岗课赛证

（1）（多选）根据《规范》，保温隔热天棚工程量应（　　）。

A. 按设计图示尺寸以面积计算

B. 扣除面积>0.3 m^2 的柱、垛、孔洞所占面积

C. 与天棚相连的梁按展开面积计算并入天棚工程量

D. 按设计图示尺寸以展开面积计算

（2）（单选）根据《规范》，下列说法不准确的是（　　）。

A. 按设计结构尺寸以展开面积计算天棚抹灰，不扣除间壁墙、垛、柱、附墙烟囱、检查口和管道所占面积，带梁天棚的梁两侧抹灰面积并入天棚面积内

B. 天棚龙骨按主墙间水平投影面积计算不扣除间壁墙、垛、柱、附墙烟囱、检查口和管道所占面积

C. 天棚龙骨按主墙间水平投影面积计算，需要扣除单个面积<0.3 m^2 的孔洞、独立柱及天棚相连的窗帘盒所占面积，斜面龙骨按斜面计算

D. 天棚吊顶的基层和面层均按设计尺寸以展开面积计算

任务 8.3　天棚工程清单计价

【知识目标】

（1）理解天棚工程定额项目构成。

（2）掌握天棚工程工程量清单计价方法。

【能力目标】

（1）学会天棚工程定额项目的套用。

（2）学会天棚工程量清单计价方法。

（3）能够运用软件编制天棚工程工程量清单计价文件。

【素养目标】

（1）培养积极向上的学习态度和工匠精神。

（2）培养团队意识，分工协作，提高效率，共同完成任务。

8.3.1 任务分析

编制工程量清单计价文件是工程造价从业人员应具备的基本能力。在招投标阶段常有编制工程量清单、招标控制价、投标报价等具体应用。本任务的主要目标是根据天棚工程工程量清单项目特征及相关施工方法套用定额项目进行清单组价。

8.3.2 相关知识

1.《装饰定额》中关于天棚工程定额项目划分及应用的常见规定

(1)抹灰项目中砂浆配合比与设计不同时,可按设计要求予以换算;如设计厚度与定额厚度不同,按相应项目调整。

(2)如混凝土天棚刷素水泥浆或界面剂,执行墙面装饰工程相应项目人工乘以系数 1.15。

(3)吊顶天棚。

1)除烤漆龙骨天棚为龙骨、面层合并列项外,其余均为天棚龙骨、基层、面层分别列项编制。

2)龙骨的种类、间距、规格和基层面层材料的型号、规格按常用材料和常用做法考虑,如设计要求不同,材料可以调整,人工、机械不变。

3)天棚面层在同一标高者为平面天棚,天棚面层不在同一标高者为跌级天棚。跌级天棚面层按相应项目人工乘以系数 1.30。

4)轻钢龙骨、铝合金龙骨项目中,龙骨按双层双向结构考虑,即中、小龙骨紧贴大龙骨底面吊挂,如为单层结构,即大、中龙骨底面在同一水平上者,人工乘以系数 0.85。

5)轻钢龙骨、铝合金龙骨项目中,如面层规格与定额不同,按相近面积的项目执行。

6)天棚检查孔的工料已包括在项目内,不另行计算。

(4)楼梯底板抹灰按天棚抹灰相应项目执行,其中锯齿形楼梯按相应项目乘以系数 1.35。

2. 天棚工程定额项目的套用方法

当施工图的设计要求与定额项目内容一致时,可以直接套用。一般情况下,大多数的项目可以直接套用定额,应注意定额材料及消耗量的不同,准确进行换算。

3. 天棚工程中常见的定额项目

天棚工程中常见的定额项目如表 8-3-1 所示。

表 8-3-1　天棚工程中常见的定额项目

单位工程预算书								
工程名称:建筑工程								
序号	定额编号	子目名称	工程量		价值		其中(元)	
			单位	数量	单价	合价	人工费	材料费
1	B3-0001	混凝土天棚抹灰　一次抹灰(10 mm)	m^2		17.88			
2	B3-0002	混凝土天棚抹灰　砂浆	m^2		1.78			
3	B3-0036	天棚吊顶　装配式U形轻钢天棚龙骨(不上人型)　规格300 mm×300 mm　平面	m^2		34.81			
4	B3-0037	天棚吊顶　装配式U形轻钢天棚龙骨(不上人型)　规格300 mm×300 mm　跌级	m^2		40.85			
5	B3-0044	天棚吊顶　装配式U形轻钢天棚龙骨(上人型)　规格300 mm×300 mm　平面	m^2		42.75			
6	B3-0045	天棚吊顶　装配式U形轻钢天棚龙骨(上人型)　规格300 mm×300 mm　跌级	m^2		48.69			
7	B3-0050	天棚吊顶　装配式U形轻钢天棚龙骨(上人型)　规格600 mm×600 mm以上　平面	m^2		41.75			
8	B3-0051	天棚吊顶　装配式U形轻钢天棚龙骨(上人型)　规格600 mm×600 mm以上　跌级	m^2		49.74			
9	B3-0052	天棚吊顶　轻钢天棚龙骨圆弧形　不上人型	m^2		43.45			
10	B3-0053	天棚吊顶　轻钢天棚龙骨圆弧形　上人型	m^2		47.83			
11	B3-0066	天棚吊顶　装配式U形铝合金天棚龙骨(上人型)　规格600 mm×600 mm　平面	m^2		82.73			
12	B3-0067	天棚吊顶　装配式U形铝合金天棚龙骨(上人型)　规格600 mm×600 mm　跌级	m^2		90.33			
13	B3-0070	天棚吊顶　铝合金方板天棚龙骨(不上人型)嵌入式　规格500 mm×500 mm	m^2		33.61			
14	B3-0071	天棚吊顶　铝合金方板天棚龙骨(不上人型)嵌入式　规格600 mm×600 mm	m^2		34.74			
15	B3-0072	天棚吊顶　铝合金方板天棚龙骨(不上人型)嵌入式　规格600 mm×600 mm以上	m^2		33.25			

4. 天棚工程清单综合单价构成

以例题8.2.1为例,查询天棚工程定额,根据清单项目特征内容,选择相应定额项目,组成清单项目综合单价,如表8-3-2所示。

表 8-3-2　天棚工程清单项目综合单价

分部分项工程和单价措施项目清单综合单价分析表

工程名称:建筑工程

序号	编码	清单/定额名称	单位	数量	综合单价(元)	其中					合价(元)
						人工费	材料费	机械费	管理费	利润	
1	011301001001	天棚抹灰	m^2	19.51	16.36	7.41	5.99	0.08	1.53	1.35	319.18
	B3-0287	天棚刮胶	100 m^2	0.195 1	1 635	741.35	598.58	7.7	152.58	134.79	318.99

8.3.3　任务小结

本任务主要介绍了天棚工程工程量清单计价的方法,学会根据清单项目特征的内容套用计价定额,根据实际需要进行定额换算,完成天棚工程工程量清单计价,并理解天棚工程综合单价的构成。

8.3.4　知识拓展

(1)平面天棚和跌级天棚。天棚面层在同一标高者为平面天棚,天棚面层不在同一标高者为跌级天棚。

(2)天棚装饰线。天棚装饰线包括一道线、二道线、三道线和四道线等,线角道数以一个突出的棱角为一道线,如图 8.3.1 所示。

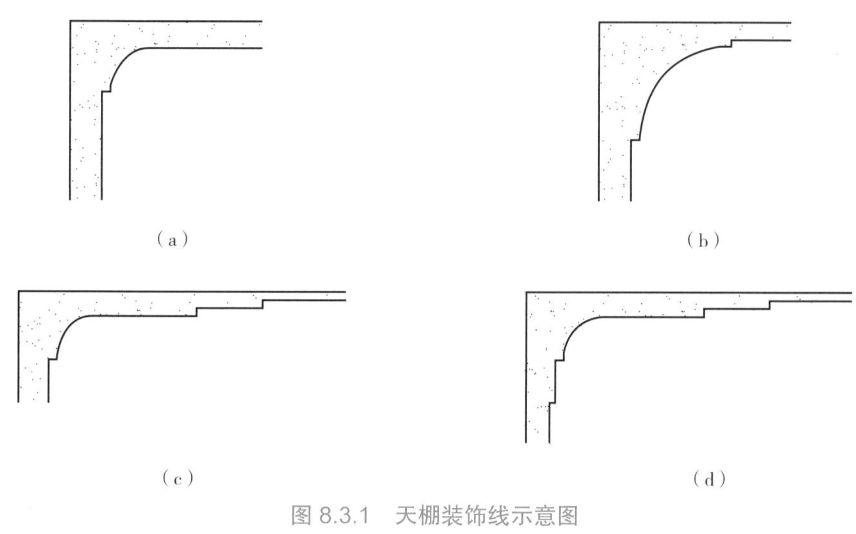

图 8.3.1　天棚装饰线示意图

(a)一道线　(b)二道线　(c)三道线　(d)四道线

8.3.5 岗课赛证

（1）熟悉《建筑定额》天棚工程定额项目构成内容，包括定额编号、项目名称、定额计价、人材机组成。

（2）（多选）根据《规范》，下列说法正确的是（　　）。

A. 抹灰项目中砂浆配合比与设计不同时，可按设计要求予以换算

B. 天棚面层在同一标高者为平面天棚，天棚面层不在同一标高者为跌级天棚

C. 龙骨的种类、间距、规格和基层面层材料的型号、规格按常用材料和常用做法考虑

D. 楼梯底板抹灰按天棚抹灰相应项目执行

实训 6　(实验楼)装饰工程工程量清单计价

班级：　　　　　姓名：　　　　　　　组长：　　　　　　　　　　　　年　　月　　日

【实训内容】

(1)实验楼装饰工程工程量清单编制。
(2)实验楼装饰工程工程量计算。
(3)实验楼装饰工程工程量清单计价。

【实训目标】

(1)学会编制实验楼装饰工程工程量清单。
(2)能够运用算量软件计算实验楼装饰工程(楼地面、墙面、天棚)工程量。
(3)学会编制实验楼装饰工程工程量清单计价文件。
(4)学会计价软件操作方法,能够按要求导出报表。
(5)运用软件完成实验楼装饰工程分部分项工程量清单计价的成果文件,并按要求提交文件。

【课时分配】

____课时。

【工作情境】

小赵是某施工企业的一名现场工程师,正在准备实验楼装饰工程部分的投标项目,需要针对该装饰工程进行清单报价。

【准备工作】

仔细阅读实验楼施工图工程做法,完成下列工作。
(1)地面的做法有____种,分别是____。
(2)查阅定额,地面面层定额编号为____________,防水层定额编号为____________。
(3)根据《规范》,尝试写出实验楼楼地面、墙面、天棚清单项目名称:________________
____、________________________
____、__________________________________
______________________________________。
(4)天棚的面层做法为__________________________,定额编号为________________。
(5)内墙面做法为____________________________,定额编号为__________________。

【实训流程】

(1)计算一层楼地面、墙面、天棚工程量。

1)运行算量软件,定义楼地面、踢脚、墙面、天棚、吊顶等做法。

2)定义房间构件,根据施工图具体做法,依附各房间的楼地面、踢脚、墙面、天棚、吊顶构件。

3)绘制房间图元(点布置),校核房间图元是否完成布置。

4)计算汇总,查询工程量,一层办公室地面砖工程量______m^2,墙面工程量______m^2,天棚工程量______m^2。

(2)同样方法,运用算量软件完成实验楼其他楼层的装饰工程(楼地面、墙面、天棚)绘制。

(3)完成装饰工程(楼地面、墙面、天棚)工程量汇总计算。

(4)运行计价软件,熟悉软件界面,练习操作方法。

(5)进入分部分项页面,根据《规范》规定,结合实验楼施工图内容,查询装饰工程(楼地面、墙面、天棚)相应清单项目名称,编制工程量清单。

(6)依据图纸内容,准确描述每个清单项目特征,输入工程量。

(7)依据项目特征,查询定额项目,认真分析定额工程内容,合理选择定额编号,进行清单组价,注意计量单位。

(8)组内讨论交流,互相检查,核对项目特征描述、工程量、综合单价及合价等内容,能够发现问题并及时解决。

【实训成果】

(1)完成装饰工程(楼地面、墙面、天棚)工程清单项目编制、工程量计算以及清单组价。

分部分项工程和单价措施项目清单与计价表

工程名称:

序号	项目编码	项目名称	项目特征描述	计量单位	工程量	金额(元)		
						综合单价	合价	其中
								暂估价

(2)提交工程计量文件,文件名为“班级+姓名+实训6+计量文件”。

(3)导出装饰工程(楼地面、墙面、天棚)工程量(Excel形式)并提交,文件名为“班级+姓名+实训6+工程量”。

（4）提交计价文件，文件名为“班级+姓名+实训 6+计价文件”。

（5）导出分部分项工程和单价措施项目清单综合单价分析表，并提交 Excel 文件，文件名为“班级+姓名+实训 6+分析表”。

【个人体会】

通过本实训，我学会了：

（1）

（2）

（3）

【任务评价】

实训效果评价	自评	组评	师评
（1）实训步骤是否清晰（15 分）			
（2）构件基本信息是否准确（15 分）			
（3）图元布置是否准确（15 分）			
（4）是否认真、主动学习（20 分）			
（5）是否有团队意识（20 分）			
（6）是否具有创新精神（15 分）			
小计考核分数（自评 30%、组评 30%、师评 40%）			
综合成绩			

项目 9　其他

任务 9.1　建筑面积计算

【知识目标】

（1）理解建筑面积计算规则。
（2）掌握建筑面积计算方法。
（3）理解建筑面积在工程量清单计价中的应用。

【能力目标】

（1）能够计算简单情况的建筑面积。
（2）学会建筑面积在编制工程量清单中的应用。

【素养目标】

（1）培养灵活分析问题的能力。
（2）培养团队合作能力。

9.1.1　任务分析

建筑面积在造价管理工作中应用非常广泛，准确计算建筑面积是工程造价从业人员应具备的基本能力。本任务主要介绍建筑面积的计算规则以及在工程量清单计价中的应用。

9.1.2　相关知识

1.《建筑工程建筑面积计算规范》（GB/T 50353—2013）规定计算建筑面积的范围

（1）建筑物的建筑面积应按自然层外墙结构外围水平面积之和计算。结构层高在 2.20 m 及以上的，应计算全面积；结构层高在 2.20 m 以下的，应计算 1/2 面积。

（2）建筑物内设有局部楼层时，对于局部楼层的二层及以上楼层，有围护结构的应按其围护结构外围水平面积计算，无围护结构的应按其结构底板水平面积计算。结构层高在2.20 m及以上的，应计算全面积；结构层高在2.20 m以下的，应计算1/2面积。

（3）形成建筑空间的坡屋顶，结构净高在2.10 m及以上的部位应计算全面积；结构净高在1.20 m及以上至2.10 m以下的部位应计算1/2面积；结构净高在1.20 m以下的部位不应计算建筑面积。

（4）场馆看台下的建筑空间，结构净高在2.10 m及以上的部位应计算全面积；结构净高在1.20 m及以上至2.10 m以下的部位应计算1/2面积；结构净高在1.20 m以下的部位不应计算建筑面积。室内单独设置的有围护设施的悬挑看台，应按看台结构底板水平投影面积计算建筑面积。有顶盖无围护结构的场馆看台，应按其顶盖水平投影面积的1/2计算面积。

（5）地下室、半地下室应按其结构外围水平面积计算。结构层高在2.20 m及以上的，应计算全面积；结构层高在2.20 m以下的，应计算1/2面积。

（6）出入口外墙外侧坡道有顶盖的部位，应按其外墙结构外围水平面积的1/2计算面积。

（7）建筑物架空层及坡地建筑物吊脚架空层，应按其顶板水平投影计算建筑面积。结构层高在2.20 m及以上的，应计算全面积；结构层高在2.20 m以下的，应计算1/2面积。

（8）建筑物的门厅、大厅应按一层计算建筑面积，门厅、大厅内设置的走廊应按走廊结构底板水平投影面积计算建筑面积。结构层高在2.20 m及以上的，应计算全面积；结构层高在2.20 m以下的，应计算1/2面积。

（9）建筑物间的架空走廊，有顶盖和围护结构的，应按其围护结构外围水平面积计算全面积；无围护结构、有围护设施的，应按其结构底板水平投影面积的1/2计算面积。

（10）立体书库、立体仓库、立体车库，有围护结构的，应按其围护结构外围水平面积计算建筑面积；无围护结构、有围护设施的，应按其结构底板水平投影面积计算建筑面积。无结构层的应按一层计算，有结构层的应按其结构层面积分别计算。结构层高在2.20 m及以上的，应计算全面积；结构层高在2.20 m以下的，应计算1/2面积。

（11）有围护结构的舞台灯光控制室，应按其围护结构外围水平面积计算。结构层高在2.20 m及以上的，应计算全面积；结构层高在2.20 m以下的，应计算1/2面积。

（12）附属在建筑物外墙的落地橱窗，应按其围护结构外围水平面积计算。结构层高在2.20 m及以上的，应计算全面积；结构层高在2.20 m以下的，应计算1/2面积。

（13）窗台与室内楼地面高差在0.45 m以下且结构净高在2.10 m及以上的凸（飘）窗，应按其围护结构外围水平面积的1/2计算面积。

（14）有围护设施的室外走廊（挑廊），应按其结构底板水平投影面积的1/2计算面积；有围护设施（或柱）的檐廊，应按其围护设施（或柱）外围水平面积的1/2计算面积。

（15）门斗应按其围护结构外围水平面积计算建筑面积。结构层高在2.20 m及以上的，应计算全面积；结构层高在2.20 m以下的，应计算1/2面积。

（16）门廊应按其顶板的水平投影面积的1/2计算建筑面积；有柱雨篷应按其结构板水平投影面积的1/2计算建筑面积；无柱雨篷的结构外边线至外墙结构外边线的宽度在2.10 m及以上的，应按雨篷结构板水平投影面积的1/2计算建筑面积。

（17）设在建筑物顶部、有围护结构的楼梯间、水箱间、电梯机房等，结构层高在2.20 m

及以上的,应计算全面积;结构层高在 2.20 m 以下的,应计算 1/2 面积。

(18)围护结构不垂直于水平面的楼层,应按其底板面的外墙外围水平面积计算。结构净高在 2.10 m 及以上的部位,应计算全面积;结构净高在 1.20 m 及以上至 2.10 m 以下的部位,应计算 1/2 面积;结构净高在 1.20 m 以下的部位,不应计算建筑面积。

(19)建筑物的室内楼梯、电梯井、提物井、管道井、通风排气竖井、烟道,应并入建筑物的自然层计算建筑面积。有顶盖的采光井应按一层计算面积,结构净高在 2.10 m 及以上的,应计算全面积;结构净高在 2.10 m 以下的,应计算 1/2 面积。

(20)室外楼梯应并入所依附建筑物自然层,并应按其水平投影面积的 1/2 计算建筑面积。

(21)在主体结构内的阳台,应按其结构外围水平面积计算全面积;在主体结构外的阳台,应按其结构底板水平投影面积的 1/2 计算面积。

(22)有顶盖、无围护结构的车棚、货棚、站台、加油站、收费站等,应按其顶盖水平投影面积的 1/2 计算建筑面积。

(23)以幕墙作为围护结构的建筑物,应按幕墙外边线计算建筑面积。

(24)建筑物的外墙外保温层,应按其保温材料的水平截面面积计算,并入自然层建筑面积。

(25)与室内相通的变形缝,应按其自然层合并在建筑物建筑面积内计算。对于高低联跨的建筑物,当高低跨内部连通时,其变形缝应计算在低跨面积内。

(26)对于建筑物内的设备层、管道层、避难层等有结构层的楼层,结构层高在 2.20 m 及以上的,应计算全面积;结构层高在 2.20 m 以下的,应计算 1/2 面积。

2.《建筑工程建筑面积计算规范》(GB/T 50353—2013)规定不计算建筑面积的范围

(1)与建筑物内不相连通的建筑部件。

(2)骑楼、过街楼底层的开放公共空间和建筑物通道。

(3)舞台及后台悬挂幕布和布景的天桥、挑台等。

(4)露台、露天游泳池、花架、屋顶的水箱及装饰性结构构件。

(5)建筑物内的操作平台、上料平台、安装箱和罐体的平台。

(6)勒脚、附墙柱、垛、台阶、墙面抹灰、装饰面、镶贴块料面层、装饰性幕墙,主体结构外的空调室外机搁板(箱)、构件、配件,挑出宽度在 2.10 m 以下的无柱雨篷和顶盖高度达到或超过两个楼层的无柱雨篷。

(7)窗台与室内地面高差在 0.45 m 以下且结构净高在 2.10 m 以下的凸(飘)窗,窗台与室内地面高差在 0.45 m 及以上的凸(飘)窗。

(8)室外爬梯、室外专用消防钢楼梯。

(9)无围护结构的观光电梯。

(10)建筑物以外的地下人防通道,独立的烟囱、烟道、地沟、油(水)罐、气柜、水塔、贮油(水)池、贮仓、栈桥等构筑物。

3.《民用建筑面积计算规则》(吉建造〔2023〕2号)关于建筑面积的规定

(1)建筑面积应按建筑每个自然层楼(地)面处外围护结构外表面所围成空间的水平投影面积计算。

(2)总建筑面积应按地上和地下建筑面积之和计算,地上和地下建筑面积应分别计算。

(3)室外设计地坪以上的建筑空间,其建筑面积应计入地上建筑面积;室外设计地坪以下的建筑空间,其建筑面积应计入地下建筑面积。

(4)永久性结构的建筑空间,有永久性顶盖、结构层高或斜面结构板顶高在2.20 m及以上的,应按下列规定计算建筑面积。

1)有围护结构、封闭围合的建筑空间,应按其外围护结构外表面所围空间的水平投影面积计算。

2)无围护结构、以柱围合,或部分围护结构与柱共同围合,不封闭的建筑空间,应按其柱或外围护结构外表面所围成空间的水平投影面积计算。

3)无围护结构、单排柱或独立柱、不封闭的建筑空间,应按其顶盖水平投影面积的1/2计算。

4)无围护结构、有围护设施、无柱、附属在建筑外围护结构、不封闭的建筑空间,应按其围护设施外表面所围空间水平投影面积的1/2计算。

(5)阳台建筑面积应按围护设施外表面所围成空间水平投影面积的1/2计算;当阳台封闭时,应按其外围护结构外表面所围空间的水平投影面积计算。

(6)下列空间与部位不应计算建筑面积。

1)结构层高或斜面结构板顶高度小于2.20 m的建筑空间。

2)无顶盖的建筑空间。

3)附属在建筑外围护结构上的构(配)件。

4)建筑出挑部分的下部空间。

5)建筑物中用作城市街巷同行的公共交通空间。

6)独立于建筑物外的各类构筑物。

(7)功能空间使用面积应按功能空间墙体内表面所围合空间的水平投影面积计算。

(8)功能单元使用面积应按功能单元内各功能空间使用面积之和计算。

(9)功能单元建筑面积应按功能单元使用面积、功能单元墙体水平投影面积、功能单元内阳台面积之和计算。

4.《民用建筑通用规范》(GB 55031—2022)关于建筑高度的规定

(1)平屋顶建筑高度应按室外设计地坪至建筑物女儿墙顶点的高度计算,无女儿墙的建筑应按至其屋面檐口顶点的高度计算。

(2)坡屋顶建筑应分别计算檐口及屋脊高度,檐口高度应按室外设计地坪至屋面檐口或坡屋面最低点的高度计算,屋脊高度应按室外设计地坪至屋脊的高度计算。

(3)当同一座建筑有多种屋面形式或多个室外设计地坪时,建筑高度应分别计算后取其中最大值。

（4）机场、广播电视、电信、微波通信、气象台、卫星地面站、军事要塞等设施的技术作业控制区内及机场航线控制范围内的建筑，建筑高度应按建筑物室外设计地坪至建（构）筑物最高点计算。

（5）历史建筑、历史文化名城名镇名村、历史文化街区、文物保护单位、风景名胜区、自然保护区的保护规划区内的建筑，建筑高度应按建筑物室外设计地坪至建（构）筑物最高点计算。

（6）上述（4）和（5）规定以外的建筑，屋顶设备用房及其他局部突出屋面用房的总建筑面积不超过屋面面积的 1/4 时，不应计入建筑高度。

（7）建筑的室内净高应满足各类型功能场所空间净高的最低要求，地下室、局部夹层、公共走道、建筑避难区、架空层等有人员正常活动的场所最低处室内净高不应小于 2.00 m。

注：《建筑工程建筑面积计算规范》（GB/T 50353—2013）相关内容与《民用建筑通用规范》（GB 55031—2022）有冲突的内容，以《民用建筑通用规范》（GB 55031—2022）为准。

9.1.3 任务小结

本任务主要了介绍建筑面积的计算方法，要求理解建筑面积计算规则，学会计算简单情况下的建筑面积，能够运用软件计算建筑面积。

9.1.4 知识拓展

建筑面积在工程造价技术经济指标中的具体应用。

$$单位面积造价=\frac{工程造价}{建筑面积}$$

$$人工消耗量指标=\frac{工程人工消耗量}{建筑面积}$$

$$材料消耗量指标=\frac{工程材料消耗量}{建筑面积}$$

9.1.5 岗课赛证

（1）（单选）建筑面积应按建筑每个自然层楼（地）面处（　　）的水平投影面积计算。

A. 外围护结构外表面所围成空间　　B. 外围护结构内表面所围成空间

C. 外墙结构外围　　D. 外围结构底板

（2）用软件计算实验楼的建筑面积。

任务9.2 措施项目清单计价

【知识目标】

(1)理解措施项目构成。
(2)掌握措施项目工程量清单编制方法。
(3)掌握措施项目工程量计算方法。
(4)理解措施项目定额应用方法。
(5)掌握措施项目工程量清单计价方法。

【能力目标】

(1)能够描述措施项目工程量清单项目特征。
(2)能够运用软件编制措施项目工程量清单。
(3)能够计算措施项目工程量。
(4)能够合理应用措施项目定额。
(5)能够运用软件编制措施项目工程量清单计价文件。

【素养目标】

(1)鼓励独立思考,能够发现、提出并解决问题。
(2)培养团队协作能力。

9.2.1 任务分析

措施项目指的是为了完成工程项目施工,发生于该工程施工准备和施工过程中的技术、生活、安全、环境保护等方面的项目,其也是工程量清单计价中不可缺少的组成部分。措施项目清单的编制是工程造价从业人员应具备的基本能力。本包括脚手架工程、混凝土模板及支架工程、垂直运输、超高施工增加、大型机械设备进出场及安拆等项目。

9.2.2 相关知识

1. 措施项目清单

根据《规范》,措施项目清单项目如表9-2-1至表9-2-5所示。在编制工程量清单时,可根据图纸内容结合施工方法,选择项目编码、项目名称和计量单位,并结合项目特征描述要求准确描述拟编制清单的项目特征。

（1）脚手架工程（表 9-2-1）。

表 9-2-1 脚手架工程

<table>
<tr><th>项目编码</th><th>项目名称</th><th>项目特征</th><th>计量单位</th><th>工程量计算规则</th><th>工作内容</th></tr>
<tr><td>011701001</td><td>综合脚手架</td><td>1. 建筑结构形式
2. 檐口高度</td><td rowspan="4">m²</td><td>按建筑面积计算</td><td>1. 场内、场外材料搬运
2. 搭拆脚手架、斜道、上料平台
3. 安全网的铺设
4. 选择附墙点与主体连接
5. 测试电动装置、安全锁等
6. 拆除脚手架后材料的堆放</td></tr>
<tr><td>011701002</td><td>外脚手架</td><td rowspan="2">1. 搭设方式
2. 搭设高度
3. 脚手架材质</td><td rowspan="2">按所服务对象的垂直投影面积计算</td><td rowspan="5">1. 场内、场外材料搬运
2. 搭拆脚手架、斜道、上料平台
3. 安全网的铺设
4. 拆除脚手架后材料的堆放</td></tr>
<tr><td>011701003</td><td>里脚手架</td></tr>
<tr><td>011701004</td><td>悬空脚手架</td><td rowspan="2">1. 搭设方式
2. 悬挑宽度
3. 脚手架材质</td><td>按搭设的水平投影面积计算</td></tr>
<tr><td>011701005</td><td>挑脚手架</td><td>m</td><td>按搭设长度乘以搭设层数以延长米计算</td></tr>
<tr><td>011701006</td><td>满堂脚手架</td><td>1. 搭设方式
2. 搭设高度
3. 脚手架材质</td><td>m²</td><td>按搭设的水平投影面积计算</td></tr>
<tr><td>011701007</td><td>整体提升架</td><td>1. 搭设方式及启动装置
2. 搭设高度</td><td>m²</td><td>按所服务对象的垂直投影面积计算</td><td>1. 场内、场外材料搬运
2. 选择附墙点与主体连接
3. 搭拆脚手架、斜道、上料平台
4. 安全网的铺设
5. 测试电动装置、安全锁等
6. 拆除脚手架后材料的堆放</td></tr>
<tr><td>011701008</td><td>外装饰吊篮</td><td>1. 升降方式及启动装置
2. 搭设高度及吊篮型号</td><td>m²</td><td>按所服务对象的垂直投影面积计算</td><td>1. 场内、场外材料搬运
2. 吊篮的安装
3. 测试电动装置、安全锁、平衡控制器等
4. 吊篮的拆卸</td></tr>
</table>

（2）混凝土模板及支架（表 9-2-2）。

表 9-2-2　混凝土模板及支架

<table>
<tr><th>项目编码</th><th>项目名称</th><th>项目特征</th><th>计量单位</th><th>工程量计算规则</th><th>工作内容</th></tr>
<tr><td>011702001</td><td>基础</td><td>基础类型</td><td rowspan="24">m^2</td><td rowspan="21">按模板与现浇混凝土构件的接触面积计算
1. 现浇钢筋混凝土墙、板单孔面积≤0.3 m^2 的孔洞不予扣除，洞侧壁模板亦不增加；单孔面积>0.3 m^2 时应予以扣除，洞侧壁模板面积并入墙、板工程量内计算
2. 现浇框架分别按梁、板、柱有关规定计算；附墙柱、暗梁、暗柱并入墙内工程量内计算
3. 柱、梁、墙、板相互连接的重叠部分，均不计算模板面积
4. 构造柱按图示外露部分计算模板面积</td><td rowspan="21">1. 模板制作
2. 模板安装、拆除、整理堆放及场内外运输
3. 清理模板黏结物及模内杂物、刷隔离剂等</td></tr>
<tr><td>011702002</td><td>矩形柱</td><td rowspan="2"></td></tr>
<tr><td>011702003</td><td>构造柱</td></tr>
<tr><td>011702004</td><td>异形柱</td><td>柱截面形状</td></tr>
<tr><td>011702005</td><td>基础梁</td><td>梁截面形状</td></tr>
<tr><td>011702006</td><td>矩形梁</td><td>支撑高度</td></tr>
<tr><td>011702007</td><td>异形梁</td><td>1. 梁截面形状
2. 支撑高度</td></tr>
<tr><td>011702008</td><td>圈梁</td><td rowspan="2"></td></tr>
<tr><td>011702009</td><td>过梁</td></tr>
<tr><td>011702010</td><td>弧形、拱形梁</td><td>1. 梁截面形状
2. 支撑高度</td></tr>
<tr><td>011702011</td><td>直形墙</td><td></td></tr>
<tr><td>011702012</td><td>弧形墙</td><td></td></tr>
<tr><td>011702013</td><td>短肢剪力墙、电梯井壁</td><td></td></tr>
<tr><td>011702014</td><td>有梁板</td><td rowspan="7">支撑高度</td></tr>
<tr><td>011702015</td><td>无梁板</td></tr>
<tr><td>011702016</td><td>平板</td></tr>
<tr><td>011702017</td><td>拱板</td></tr>
<tr><td>011702018</td><td>薄壳板</td></tr>
<tr><td>011702019</td><td>空心板</td></tr>
<tr><td>011702020</td><td>其他板</td></tr>
<tr><td>011702021</td><td>栏板</td><td></td></tr>
<tr><td>011702022</td><td>天沟、檐沟</td><td>构件类型</td><td>按模板与现浇混凝土构件的接触面积计算</td><td></td></tr>
<tr><td>011702023</td><td>雨篷、悬挑板、阳台板</td><td>1. 构件类型
2. 板厚度</td><td>按图示外挑部分尺寸的水平投影面积计算，挑出墙外的悬臂梁及板边不另计算</td><td></td></tr>
<tr><td>011702024</td><td>楼梯</td><td>类型</td><td>按楼梯（包括休息平台、平台梁、斜梁和楼层板的连接梁）的水平投影面积计算，不扣除宽度≤500 mm 的楼梯井所占面积，楼梯踏步、踏步板、平台梁等侧面模板不另计算，伸入墙内部分亦不增加</td><td></td></tr>
</table>

续表

<table>
<tr><th>项目编码</th><th>项目名称</th><th>项目特征</th><th>计量单位</th><th>工程量计算规则</th><th>工作内容</th></tr>
<tr><td>011702025</td><td>其他现浇构件</td><td>构件类型</td><td rowspan="8">m²</td><td>按模板现浇混凝土构件的接触面积计算</td><td></td></tr>
<tr><td>011702026</td><td>电缆沟、地沟</td><td>1. 沟类型
2. 沟截面</td><td>按模板与电缆沟、地沟接触的面积计算</td><td></td></tr>
<tr><td>011702027</td><td>台阶</td><td>台阶踏步宽</td><td>按图示台阶水平投影面积计算，台阶端头两侧不另计算模板面积，架空式混凝土台阶按现浇楼梯计算</td><td></td></tr>
<tr><td>011702028</td><td>扶手</td><td>扶手断面尺寸</td><td>按模板与扶手的接触面积计算</td><td></td></tr>
<tr><td>011702029</td><td>散水</td><td></td><td>按模板与散水的接触面积计算</td><td></td></tr>
<tr><td>011702030</td><td>后浇带</td><td>后浇带部位</td><td>按模板与后浇带的接触面积计算</td><td></td></tr>
<tr><td>011702031</td><td>化粪池</td><td>1. 化粪池部位
2. 化粪池规格</td><td rowspan="2">按模板与混凝土接触面积计算</td><td></td></tr>
<tr><td>011702032</td><td>检查井</td><td>1. 检查井部位
2. 检查井规格</td><td></td></tr>
</table>

（3）垂直运输（表 9-2-3）。

表 9-2-3　垂直运输

项目编码	项目名称	项目特征	计量单位	工程量计算规则	工作内容
011703001	垂直运输	1. 建筑物建筑类型及结构形式 2. 地下室建筑面积 3. 建筑物檐口高度、层数	1.m² 2. 天	1. 按建筑面积计算 2. 按施工工期日历天数计算	1. 垂直运输机械的固定装置、基础制作、安装 2. 行走式垂直运输机械轨道的铺设、拆除、摊销

（4）超高施工增加（表 9-2-4）。

表 9-2-4　超高施工增加

项目编码	项目名称	项目特征	计量单位	工程量计算规则	工作内容
011704001	超高施工增加	1. 建筑物建筑类型及结构形式 2. 建筑物檐口高度、层数 3. 单层建筑物檐口高度超过 20 m，多层建筑物超过 6 层部分的建筑面积	m²	按建筑物超高部分的建筑面积计算	1. 建筑物超高引起的人工功效降低以及由于人工功效降低引起的机械降效 2. 高层施工用水加压水泵的安装、拆除及工作台班 3. 通信联络设备的使用及摊销

（5）大型机械设备进出场及安拆（表 9-2-5）。

表 9-2-5 大型机械设备进出场及安拆

项目编码	项目名称	项目特征	计量单位	工程量计算规则	工作内容
011705001	大型机械设备进出场及安拆	1. 机械设备名称 2. 机械设备规格、型号	台次	按使用机械设备的数量计算	1. 安拆费包括施工机械、设备在现场进行安装拆卸所需人工、材料、机械和试运转费用以及机械辅助设施的折旧、搭设、拆除等费用 2. 进出场费包括施工机械、设备整体或分体自停放地点运至另一施工地点所发生的运输、装卸、辅助材料等费用

2.《规范》对措施项目清单的规定

（1）使用综合脚手架时，不再使用外脚手架、里脚手架等单项脚手架；综合脚手架适用于能够按建筑面积计算规则计算建筑面积的建筑工程脚手架，不适用于房屋加层、构筑物及附属工程脚手架。

（2）同一建筑物有不同檐高时，按建筑物竖向切面分别按不同檐高编列清单项目。

（3）整体提升架已包含 2 m 高的防护架体设施。

（4）脚手架材质可以不描述，但应注明由投标人根据工程实际情况按照国家现行标准《建筑施工扣件式钢管脚手架安全技术规范》（JGJ130—2011）、《建筑施工附着升降脚手架管理暂行规定》（建建〔2000〕230 号）等规范自行确定。

（5）混凝土模板及支撑（架）项目，只适用于以平方米计量，按模板与混凝土构件接触面积计算。以立方米计量的模板及支撑（支架），按混凝土及钢筋混凝土实体项目执行，其综合单价中应包含模板及支撑（支架）。

（6）采用清水模板时，应在特征中注明。

（7）若现浇混凝土梁板支撑高度超过 3.6 m，项目特征应描述支撑高度。

（8）垂直运输指施工工程在合理工期内所需垂直运输机械。

（9）同一建筑物有不同檐高时，按建筑物的不同檐高做纵向分割，分别计算建筑面积，按不同檐高分别以垂直运输编码列项。

（10）单层建筑物檐口高度超过 20 m，多层建筑物超过 6 层时，可按超高部分的建筑面积以垂直运输编码列项。

（11）同一建筑物有不同檐高时，可按不同高度的建筑面积分别计算建筑面积，按不同檐高分别以超高施工增加编码列项。

3. 措施项目中常见的定额项目

措施项目中常见的定额项目如表 9-2-6 所示。

表 9-2-6　措施项目中常见的定额项目

单位工程预算书

工程名称:建筑工程

序号	定额编号	子目名称	工程量		价值		其中(元)	
			单位	数量	单价	合价	人工费	材料费
1	A10-0001	现浇混凝土模板　基础垫层	m^3		27.56			
2	A10-0007	现浇混凝土模板　独立基础混凝土	m^3		129.67			
3	A10-0008	现浇混凝土模板　杯形基础	m^3		144.23			
4	A10-0019	现浇混凝土模板　矩形柱	m^3		592.14			
5	A10-0020	现浇混凝土模板　构造柱	m^3		425.35			
6	A10-0024	现浇混凝土模板　基础梁	m^3		250.06			
7	A10-0027	现浇混凝土模板　圈梁	m^3		371.51			
8	A10-0028	现浇混凝土模板　过梁	m^3		795.78			
9	A10-0031	现浇混凝土模板　短肢剪力墙	m^3		580.42			
10	A10-0035	现浇混凝土模板　有梁板	m^3		422.91			
11	A10-0049	现浇混凝土模板　楼梯直形	m^2		114.44			
12	A10-0059	现浇混凝土模板　压顶	m^3		569.46			
13	A10-0069	单层建筑综合脚手架　建筑面积 500 m^2 以内　檐高 3.6 m 以内	m^2		23.89			
14	A10-0092	多层建筑综合脚手架　混合结构檐高 20 m 以内	m^2		15.69			
15	A10-0094	多层建筑综合脚手架　框架结构檐高 20 m 以内	m^2		34.01			
16	A10-0183	垂直运输 20 m(6 层)以内　卷扬机施工　砖混结构	m^2		10.61			
17	A10-0184	垂直运输 20 m(6 层)以内　卷扬机施工　框架结构	m^2		12			
18	A10-0185	垂直运输 20 m(6 层)以内　塔吊施工　砖混结构	m^2		17.81			
19	A10-0186	垂直运输 20 m(6 层)以内　塔吊施工　框架结构	m^2		20.41			
20	A10-0187	泵送混凝土　建筑物垂直运输　塔吊施工　框架结构(檐高 40 m 以内)	m^2		26.74			
21	A10-0217	塔式起重机　固定式基础(带配重)	座		6 297.81			
22	A10-0218	施工电梯　固定式基础	座		6 319.13			
23	A10-0219	塔式起重机　轨道式基础(双轨)	m		304.59			

续表

序号	定额编号	子目名称	工程量		价值		其中(元)	
			单位	数量	单价	合价	人工费	材料费
24	A10-0220	大型机械设备安拆　自升式塔式起重机	台次		33 356.33			
25	A10-0221	大型机械设备安拆　柴油打桩机	台次		10 969.19			
26	A10-0222	大型机械设备安拆　静力压桩机 900 kN 以内	台次		7 297.35			
27	A10-0233	大型机械设备进出场　履带式挖掘机 1 m^3 以内	台次		4 674.28			
28	A10-0234	大型机械设备进出场　履带式挖掘机 1 m^3 以外	台次		5 275.62			
29	A10-0252	大型机械设备进出场　塔式起重机 60 kN·m	台次		9 990.1			
30	A10-0253	大型机械设备进出场　塔式起重机 80 kN·m	台次		13 401.46			

4.《建筑定额》对措施项目定额项目划分的规定

(1)模板工程。

1)地下室底板模板执行满堂基础,满堂基础模板已包括集水井模板杯壳。

2)满堂基础下翻构件砖胎模,砖胎模中砌体执行"砖基础"相应项目,抹灰执行抹灰工程相应项目。

3)独立桩承台执行独立基础项目,带形桩承台执行带形基础项目;与满堂基础相连的桩承台执行满堂基础项目。高杯基础杯口高度大于杯口大边长度 3 倍以上时,杯口部分执行柱项目。

4)圆形柱模板按直径 0.5 m 以外考虑的,直径 0.5 m 以内乘以系数 1.6;矩形柱模板按周长 1.8 m 以内考虑的,周长 1.2 m 以内乘以系数 1.3,周长 1.8 m 以外乘以系数 0.6。

5)有梁板模板按板厚 100 mm 以内考虑的,板厚 100 mm 以外的乘以系数 0.85。

6)屋面混凝土女儿墙单排钢筋、厚度≤100 mm、高度≤1.2 m 时执行栏板项目,否则执行相应厚度直形墙项目。

7)混凝土栏板高度(含压顶扶手及翻沿),净高按 1.2 m 以内考虑,超 1.2 m 时执行相应墙项目。

8)现浇混凝土阳台板、雨篷板按三面悬挑形式编制,如一面为弧形栏板且半径≤9 m,执行圆弧形阳台板、雨篷板项目;如非三面悬挑形式的阳台,雨篷,则执行梁、板相应项目。

9)现浇飘窗板、空调板执行悬挑板项目。

10)楼梯是按建筑物一个自然层双跑楼梯考虑,剪刀楼梯执行单坡直行楼梯相应项目。

11)散水、防滑坡道模板执行垫层相应项目。

(2)脚手架工程。

1)单层建筑综合脚手架适用于檐高 20 m 以内的单层建筑工程。

2)凡单层建筑工程执行单层建筑综合脚手架,二层及以上的建筑工程执行多层建筑综合脚手架项目,地下室部分执行地下室综合脚手架项目。

3)综合脚手架中包括外墙砌筑及外墙粉饰、3.6 m 以内的内墙砌筑及混凝土浇捣用脚手架及内墙面和天棚粉饰脚手架。

(3)垂直运输工程。

1)垂直运输工作内容包括单位工程在合理工期内完成全部工程项目所需要的垂直运输机械台班,不包括机械的场外往返运输、一次安拆及路基铺垫和轨道铺拆等的费用。

2)檐高 3.6 m 以内的单层建筑,不计算垂直运输机械台班。

3)定额层高按 3.6 m 考虑, 6 层以内建筑物平均层高超过 3.6 m 者,应另计层高超高垂直运输增加费,每超过 1 m 计算一个增加层,其超过部分按相应定额增加 10%。

(4)建筑物超高增加费。建筑物超高增加人工、机械定额适用于单层建筑物檐口高度超过 20 m,多层建筑物超过 6 层的项目。

(5)大型机械设备进出场及安拆。

1)大型机械设备进出场及安拆费是指机械整体或分体自停放场地运至施工现场或由一个施工地点运至另一个施工地点,所发生的机械进出场运输和转移费用,以及机械在施工现场进行安装、拆卸所需的人工费、材料费、机械费、试运转费和安装所需的辅助设施的费用。

2)塔式起重机及施工电梯基础。塔式起重机轨道铺拆以直线形为准,如铺设弧线形,定额乘以系数 1.15;固定式基础适用于塔式起重机、施工电梯基础混凝土,不包括模板和钢筋;固定式基础如需打桩,打桩费用另行计算。

3)大型机械设备安拆费。机械安拆费是安装、拆卸的一次性费用,机械安拆费中包括机械安装完毕后的试运转费用;柴油打桩机的安拆费中,已经包括轨道的安拆费用;自升式塔式起重机安拆费按塔高 45 m 确定,塔高>45 m 且檐高≤200 m 时,塔高每增高 10 m 计算一个增加层,按相应定额增加费用 10%。

4)大型机械进出场费。进出场费中已包括往返一次的费用,其中的回程费按单层运费的 25%考虑;进出场费中已包括臂杆、铲斗及附件、道木、道轨的运费;机械运输路途中的台班费不另计取。

5)大型机械设备现场的行驶路线需要修整铺垫时,其人工修整可按实际计算。

5. 措施项目工程量清单计价

根据工程量清单项目特征,选用合理定额项目进行措施项目综合单价组价,如表 9-2-7 所示。

表 9-2-7　措施项目工程量清单计价

分部分项工程和单价措施项目清单综合单价分析表

工程名称:建筑工程

序号	编码	清单/定额名称	单位	数量	综合单价（元）	其中					合价（元）
						人工费	材料费	机械费	管理费	利润	
1	011701001001	综合脚手架	m^2	1	44.49	21.08	14.14	1.59	3.85	3.83	44.49
	A10-0094	多层建筑综合脚手架　框架结构檐高 20 m 以内	100 m^2	0.01	4 449.22	2 108.39	1 413.97	158.95	384.57	383.34	44.49
2	011703001001	垂直运输	m^2	1	27.59	1.49		22.01	3.82	0.27	27.59
	A10-0186	垂直运输 20 m（6 层）以内　塔吊施工　框架结构	100 m^2	0.01	2 759.64	149.15		2 201.22	382.15	27.12	27.6
3	011705001001	大型机械　设备进出　场及安拆	台次	1	71 248.26	13 306.15	5 806.57	40 833.55	8 882.69	2 419.3	71 248.26
	A10-0217	塔式起重机　固定式基础（带配重）	座	1	7 109.24	1 179.75	5 387.22	109.29	218.48	214.5	7 109.24
	A10-0230	大型机械设备安拆　施工电梯 75 m 以内	台次	1	17 036.78	6 177.6	39.73	7 439.2	2 257.05	1 123.2	17 036.78
	A10-0233	大型机械设备进出场　履带式挖掘机 1 m^3 以内	台次	1	6 398.54	1 372.8	202.08	3 735.06	839	249.6	6 398.54
	A10-0251	大型机械设备进出场　自升式塔式起重机	台次	1	40 703.7	4 576	177.54	29 550	5 568.16	832	40 703.7

9.2.3　任务小结

本任务主要介绍了措施项目工程量清单编制及计价的方法，理解《规范》关于措施项目工程量计算规则，学会根据清单项目特征的内容套用措施项目计价定额，完成措施项目工程清单计价。

9.2.4　岗课赛证

（1）熟悉《规范》中措施项目清单项目相关内容，包括项目编码、项目名称、项目特征、计量单位、工作内容。

（2）（单选）下列关于措施项目清单的说法不正确的是（　　）。

A. 综合脚手架清单项目特征应描述建筑结构形式以及檐口高度

B. 若现浇混凝土梁板支撑高度超过 3.0 m，项目特征应描述支撑高度

C. 垂直运输指施工工程在合理工期内所需垂直运输机械
D. 大型机械设备进出场及安拆应按使用机械设备的数量(台次)计算

任务 9.3　人材机调整

【知识目标】

(1)理解人材机调整含义。
(2)掌握人材机调整方法。

【能力目标】

学会人材机调整方法。

【素养目标】

(1)培养积极向上的学习态度和工匠精神。
(2)培养团队协作能力。

9.3.1　任务分析

人材机调整是计价过程中不可缺少的环节,准确调整人材机是工程造价从业人员应具备的基本能力。本任务主要介绍人材机调整的方法以及在工程量清单计价中的应用。

9.3.2　相关知识

根据《规范》,物价变化合同价款调整方法有价格指数调整价格差额和造价信息调整价格差额两种方法。

1. 价格指数调整价格差额

因人工、材料和工程设备、施工机械台班等价格波动影响合同价格时,根据招标人提供并由投标人在投标函附录中的价格指数和权重表约定的数据,计算差额并调整合同价款。

2. 造价信息调整价格差额

施工期内,因人工、材料和工程设备、施工机械台班等价格波动影响合同价格时,人工、机械使用费按国家或省、自治区、直辖市建设行政管理部门、行业建设管理部门或其授权的工程造价管理机构发布的人工成本信息、机械台班单价或机械使用费系数进行调整;需要进行价格调整的材料,其单价和采购数应由发包人复核,发包人确认需调整的材料单价及数量,作为调整合同价款差额的依据。

例题 9.3.1

某工程投标时,独立基础项目定额人工费 130 元/工日,C30 混凝土定额单价 427 元/m^3,清单综合单价 527.51 元/m^3,综合单价分析表如表 9-3-1 所示。

表 9-3-1　例题 9.3.1 表 1

综合单价分析表											
工程名称:建筑工程											
项目编码		010501003001		项目名称		独立基础		计量单位	m^3	工程量	9.8
清单综合单价组成明细											
定额编号	定额项目名称	定额单位	数量	单价				合价			
				人工费	材料费	机械费	管理费和利润	人工费	材料费	机械费	管理费和利润
A5-0008换	现浇混凝土独立基础钢筋混凝土换为【预拌混凝土 C30】	10 m^3	0.1	497.64	4 583.64	0.99	192.85	49.76	458.36	0.1	19.29
人工单价		小计						49.76	458.36	0.1	19.29
综合工日 130 元/工日		未计价材料费									
清单项目综合单价								527.51			
	主要材料名称、规格、型号					单位	数量	单价(元)	合价(元)	暂估单价(元)	暂估合价(元)
	预拌混凝土 C30					m^3	1.015	427	433.41		
	其他材料费							—	3.13	—	
	材料费小计							—	436.54	—	

考虑到市场实际情况,结合当地政府人工费调整文件及材料信息指导价,人工费按 143 元/工日、C30 混凝土按 500 元/m^3 调整,调整后综合单价 610.29 元/m^3,综合单价分析表如表 9-3-2 所示。

表 9-3-2　例题 9.3.1 表 2

综合单价分析表							
工程名称:建筑工程							
项目编码	010501003001	项目名称	独立基础	计量单位	m^3	工程量	9.8
清单综合单价组成明细							

续表

<table>
<tr><td rowspan="2">定额编号</td><td rowspan="2">定额项目名称</td><td rowspan="2">定额单位</td><td rowspan="2">数量</td><td colspan="4">单价</td><td colspan="4">合价</td></tr>
<tr><td>人工费</td><td>材料费</td><td>机械费</td><td>管理费和利润</td><td>人工费</td><td>材料费</td><td>机械费</td><td>管理费和利润</td></tr>
<tr><td>A5-0008换</td><td>现浇混凝土独立基础钢筋混凝土换为【预拌混凝土 C30】</td><td>10 m³</td><td>0.1</td><td>547.4</td><td>5 361.64</td><td>0.99</td><td>192.85</td><td>54.74</td><td>536.16</td><td>0.1</td><td>19.29</td></tr>
<tr><td colspan="2">人工单价</td><td colspan="6">小计</td><td>54.74</td><td>536.16</td><td>0.1</td><td>19.29</td></tr>
<tr><td colspan="2">综合工日 143 元/工日</td><td colspan="6">未计价材料费</td><td colspan="4"></td></tr>
<tr><td colspan="8">清单项目综合单价</td><td colspan="4">610.29</td></tr>
<tr><td rowspan="4"></td><td colspan="5">主要材料名称、规格、型号</td><td>单位</td><td>数量</td><td>单价（元）</td><td>合价（元）</td><td>暂估单价（元）</td><td>暂估合价（元）</td></tr>
<tr><td colspan="5">预拌混凝土 C30</td><td>m³</td><td>1.015</td><td>500</td><td>507.5</td><td></td><td></td></tr>
<tr><td colspan="7">其他材料费</td><td>—</td><td>3.13</td><td>—</td><td></td></tr>
<tr><td colspan="7">材料费小计</td><td>—</td><td>510.63</td><td>—</td><td></td></tr>
</table>

9.3.3 任务小结

本任务主要介绍了人材机调整方法，要求理解人材机调整原理，学会根据实际工程进行人材机调整。

9.3.4 岗课赛证

（判断）下列关于人材机调整的描述是否正确。

A. 人材机调整是计价过程中不可缺少的环节

B. 合同价款调整方法有价格指数调整和造价信息调整

任务 9.4 计费（取费）程序

【知识目标】

（1）理解建筑安装工程费用项目组成内容。

（2）理解工程造价计费（取费）程序。

【能力目标】

能够运用软件对建筑安装工程计取费用。

【素养目标】

(1)培养积极向上的学习态度和工匠精神。

(2)培养团队协作能力。

9.4.1 任务分析

计价程序是计价过程的最后环节,准确计取费用是工程造价从业人员应具备的基本能力。本任务主要介绍取费程序以及在工程量清单计价中的应用。

9.4.2 相关知识

1. 建筑安装工程费用项目组成

(1)人工费。人工费是指按工资总额构成规定,支付给从事建筑安装工程施工的生产工人和附属生产单位工人的各项费用,包括以下5个方面。

1)计时工资或计件工资。计时工资或计件工资是指按计时工资标准和工作时间或对已做工作按计件单价支付给个人的劳动报酬。

2)奖金。奖金是指对超额劳动和增收节支支付给个人的劳动报酬,如节约奖、劳动竞赛奖等。

3)津贴补贴。津贴补贴是指为了补偿职工特殊或额外的劳动消耗和其他特殊原因支付给个人的津贴,以及为了保证职工工资水平不受物价影响支付给个人的物价补贴,如流动施工津贴、特殊地区施工津贴、高温(寒)作业临时津贴、高空津贴等。

4)加班加点工资。加班加点工资是指按规定支付的在法定节假日工作的加班工资和在法定日工作时间外延时工作的加点工资。

5)特殊情况下支付的工资。特殊情况下支付的工资是指根据国家法律、法规和政策规定,因病、工伤、产假、计划生育假、婚丧假、事假、探亲假、定期休假、停工学习、执行国家或社会义务等原因按计时工资标准或计时工资标准的一定比例支付的工资。

(2)材料费。材料费是指施工过程中耗费的原材料、辅助材料、构配件、零件、半成品或成品、工程设备的费用,包括以下4个方面。

1)材料原价。材料原价是指材料、工程设备的出厂价格或商家供应价格。

2)运杂费。运杂费是指材料、工程设备自来源地运至工地仓库或指定堆放地点所发生的全部费用。

3)运输损耗费。运输损耗费是指材料在运输装卸过程中不可避免的损耗。

4)采购及保管费。采购及保管费是指为组织采购、供应和保管材料、工程设备的过程中所需要的各项费用,包括采购费、仓储费、工地保管费、仓储损耗。工程设备是指构成或计划构成永久工程一部分的机电设备、金属结构设备、仪器装置及其他类似的设备和装置。材料原价和各项费用均不包含增值税可抵扣进项税额。

（3）施工机具使用费。施工机具使用费是指施工作业所发生的施工机械、仪器仪表使用费或其租赁费。

1）施工机械使用费。以施工机械台班消耗量乘以施工机械台班单价表示，施工机械台班单价由折旧费、大修理费、经常修理费、安拆费及场外运费、人工费、燃料动力费、税费等七项费用组成。

2）仪器仪表使用费。仪器仪表使用费是指工程施工所需使用的仪器仪表的摊销及维修费用。各项费用均不含增值税可抵扣进项税额。

（4）企业管理费。企业管理费是指建筑安装企业组织施工生产和经营所需的费用，包括以下14个方面。

1）管理人员工资。管理人员工资是指按规定支付给管理人员的计时工资、奖金、津贴补贴、加班加点工资及特殊情况下支付的工资等。

2）办公费。办公费是指企业管理办公用的文具、纸张、账表、印刷、邮电、书报、办公软件、现场监控、会议、水电、烧水和集体取暖降温（包括现场临时宿舍取暖降温）等费用。

3）差旅交通费。差旅交通费是指职工因公出差、调动工作的差旅费、住勤补助费、市内交通费和误餐补助费，职工探亲路费、劳动力招募费、职工退休或退职一次性路费、工伤人员就医路费，工地转移费以及管理部门使用的交通工具的油料、燃料等费用。

4）固定资产使用费。固定资产使用费是指管理和试验部门及附属生产单位使用的属于固定资产的房屋、设备、仪器等的折旧、大修、维修或租赁费。

5）工具用具使用费。工具用具使用费是指企业施工生产和管理使用的不属于固定资产的工具、器具、家具、交通和检验、试验、测绘、消防用具等的购置、维修和摊销费。

6）劳动保险和职工福利费。劳动保险和职工福利费是指由企业支付的职工退休金、按规定支付给离休干部的经费，以及集体福利费、夏季防暑降温、冬季取暖补贴、上下班交通补贴等。

7）劳动保护费。劳动保护费是指企业按规定发放的劳动保护用品的支出，如工作服、手套、防暑降温饮料以及在有碍身体健康的环境中施工的保健费用等。

8）检验试验费。检验试验费是指施工企业按照有关标准规定，对建筑以及材料、构件和建筑安装物进行一般鉴定、新材料的试验费，对构件做破坏性试验及其他特殊要求检验试验的费用和建设单位委托检测机构进行检测的费用，对此类检测发生的费用由建设单位在工程建设其他费用中列支。工程质量验收所发生的检测费用不包括在检验试验费中，发生的检测费由建设单位支付。但检测不合格的，该检测费用由施工企业支付。

9）工会经费。工会经费是指企业按《中华人民共和国工会法》规定的全部职工工资总额比例计提的工会经费。

10）职工教育经费。职工教育经费是指按职工工资总额的规定比例计提，企业为职工进行专业技术和职业技能培训，专业技术人员继续教育，职工职业技能鉴定、职业资格认定以及根据需要对职工进行各类文化教育所发生的费用。

11）财产保险费。财产保险费是指施工管理用财产、车辆等的保险费用。

12）财务费。财务费是指企业为施工生产筹集资金或提供预付款担保、履约担保、职工工资支付担保等所发生的各种费用。

13)税费。税费是指企业按规定缴纳的房产税、车船使用税、土地使用税、印花税、排污税、城市维护建设税、教育费附加以及地方教育附加等。

14)其他。其他包括技术转让费、技术开发费、投标费、业务招待费、绿化费、广告费、公证费、法律顾问费、审计费、咨询费、保险费等。

(5)利润。利润是指施工企业完成所承包工程获得的盈利。

(6)规费。规费是根据国家法律、法规规定,由省级政府或省级有关权利部门规定施工企业必须缴纳的费用,该项费用不得作为竞争性费用,包括以下 4 个方面。

1)社会保险费。社会保险费包括养老保险费、失业保险费、医疗保险费、生育保险费、工伤保险费和住房公积金。

2)防洪基础设施建设资金。

3)残疾人就业保障金。

4)其他规费。

(7)税金。税金是指国家税法规定的应计入建筑安装工程造价内的增值税。

2. 单位工程造价表现形式

单位工程造价由分部分项工程费(或人工费、材料费、施工机具使用费、企业管理费、利润)、措施项目费、其他项目费、规费、税金组成。

单位工程造价=分部分项工程费+措施项目费+其他项目费+规费+税金

其中

分部分项工程费= ∑(分部分项工程量 × 分部分项工程综合单价)

分部分项工程综合单价=人工费+材料费+施工机具使用费+企业管理费+利润

(1)分部分项工程费。分部分项工程费是指各专业工程的分部分项工程应予列支的各项费用。

1)专业工程。专业工程是指按现行工程量计算规范划分的房屋建筑与装饰工程、仿古建筑工程、通用安装工程、市政工程、园林绿化工程、矿山工程、构筑物工程、城市轨道交通工程、爆破工程等各类工程。

2)分部分项工程。分部分项工程是指按现行工程量计算规范对各专业工程划分的项目。

(2)措施项目费。措施项目费是指为完成建设工程施工,发生于该工程施工前和施工过程中的技术、生活、安全、环境保护等方面的费用。

措施项目可分为单价措施项目和总价措施项目,单价措施项目是指可以计算工程量的措施项目,总价措施项目是指在现行工程量计算规范中无工程量计算规则,不能计算工程量,以总价(或计算基础乘费率)计价的项目。总价措施项目包括以下 9 个方面内容。

1)安全文明施工费。

①环境保护费。环境保护费是指施工现场为达到环保部门要求所需要的各项费用(含扬尘污染治理费)。

②文明施工费。文明施工费是指施工现场文明施工所需要的各项费用。

③安全施工费。安全施工费指施工现场安全施工所需要的各项费用。

④临时设施费。临时设施费指施工企业为进行建设工程施工所必须搭设的生活和生产

用的临时建筑物、构筑物和其他临时设施费用,包括临时设施的搭设、维修、拆除、清理或摊销费用等。

2)夜间施工增加费。夜间施工增加费是指在合同工程工期内,按设计或技术要求为保证工程质量必须在夜间连续施工增加的费用,包括夜间补助费、夜间施工降效、夜间施工照明设备摊销及照明用电等费用。从当日下午 6 时起计算 3~4 小时为 0.5 个夜班,5~8 小时为 1 个夜班,8 小时以上为 1.5 个夜班。

3)非夜间施工照明费。非夜间施工照明费是指为保证工程施工正常进行,在地下(暗)室、设备及大口径管道等特殊施工部位施工时所采用的照明设备的安拆、维护及照明用电等费用,以及在地下(暗)室等施工引起的人工工效降低以及由于人工工效降低引起的机械降效。

4)二次搬运费。二次搬运费是指因施工场地条件限制而发生的材料、构配件、半成品等一次运输不能到达堆放地点,必须进行二次或多次搬运所发生的费用。

5)冬雨季施工增加费。冬雨季施工增加费是指在冬季或雨季施工需增加的临时设施、防滑、排除雨雪以及人工及施工机械效率降低等费用。冬季施工日期为 11 月 1 日到下年 3 月 31 日,土方工程为 11 月 15 日到下年 4 月 15 日。

6)地上、地下设施、建筑物的临时保护设施费。在工程施工过程中,对已建成的地上、地下设施和建筑物进行的遮盖、封闭、隔离等必要保护措施所发生的费用。

7)已完工程及设备保护费。对已完工程及设备采取的覆盖、包裹、封闭、隔离等必要保护措施所发生的费用。

8)工程定位复测费。工程定位复测费指工程施工过程中进行全部施工测量放线和复测工作的费用。

9)市政工程施工干扰费。施工受行车、行人干扰的影响,导致人工、机械效率降低而增加的措施,以及为保证行车、行人安全,现场增设维护交通与疏导人员而增加的措施所发生的费用。

3. 工程类别划分标准

建筑物工程类别划分标准如表 9-4-1 所示。在工程项目费用计取中,可依据工程类别计取企业管理费等相关费用。

表 9-4-1　建筑物工程类别划分标准

工程类型		分类指标	单位	一类	二类	三类
工业建筑	单层厂房	建筑面积	m^2	>5 000	>3 000	≤3 000
		高度	m	>21	>15	≤15
		跨度	m	>24	>18	≤18
	多层厂房	建筑面积	m^2	>6 000	>4 000	≤4 000
		跨度	m	>21	>18	≤18
		高度	m	>30	>24	≤24

续表

工程类型		分类指标	单位	一类	二类	三类
民用建筑	公共建筑	建筑面积	m^2	>8 000	>5 000	≤5 000
		高度	m	>27	>21	≤21
		宽度	m	>24	>18	≤18
	居住建筑	建筑面积 高度 层数	m^2 m 层	>8 000 >30 >10	>5 000 >21 >7	≤5 000 ≤21 ≤7

注:(1)高度指设计室外地面标高至屋面板顶面的高度(女儿墙不算高度)。

(2)工业厂房跨度指承重屋架两端支承柱所在轴线间距离。

(3)公共建筑宽度指建筑物纵向外墙轴线间距离。

(4)公共建筑指为满足人们物质文化生活需要和进行社会活动而设置的非生产性建筑,如办公楼、教学楼、实验楼、图书馆、医院、商店、车站、影剧院、体育馆、纪念馆及类似工程。

(5)工业、民用建筑工程必须符合两个指标才能确定该工程。

(6)多跨厂房在满足建筑面积指标前提下,如跨度之和大于 33 m 为一类,大于 24 m 为二类。

(7)接层工程以接层后总层数或总高度确定取费类别(符合一个指标即可)。

(8)类似民用建筑、框架结构的工业厂房的类别按公共建筑的标准划分。

(9)上述标准以外的专业承包工程均按三类工程划分。

4. 建设工程取费程序

建设工程取费程序如表 9-4-2 所示。

表 9-4-2 建设工程取费程序

序号	项目	建筑工程	装饰工程
一	人工费		
二	材料费		
三	机具费		
四	企业管理费	(人工费+机具费)× 费率	人工费 × 费率
五	措施项目费	1+2+3+4+5+6+7+8+9+10	
1	安全文明施工费	(人工费+机具费)× 费率	人工费 × 费率
2	夜间施工增加费	按规定计算	
3	非夜间施工增加费	按规定计算	
4	二次搬运费	人工费 × 费率	
5	冬季施工增加费	按规定计算	
6	雨季施工增加费	人工费 × 费率	
7	地上、地下设施、建筑物临时保护设施费	按规定计算	
8	已完工程保护费(含越冬维护费)	按规定计算	
9	工程定位复测费	(人工费+机具费)× 费率	人工费 × 费率
10	市政工程施工干扰费	按规定计算	

续表

序号	项目	建筑工程	装饰工程
六	规费	1+2+3+4	
1	社会保险费	人工费 × 费率	
2	残疾人就业保障金	人工费 × 费率	
3	防洪基础设施建设资金	人工费 × 费率	
4	其他规费	按规定计算	
七	利润	人工费 × 费率	
八	价差（人工、材料、机械）	按规定计算	
九	其他项目费	按规定计算	
十	税金	（一+二+三+四+五+六+七+八+九）× 费率	
十一	工程造价	一+二+三+四+五+六+七+八+九+十	

9.4.3 任务小结

本任务主要介绍了建设工程计费程序，要求理解建设工程计费内容及计算基数方法，学会根据实际工程进行计费，形成完整的工程造价计价文件。

9.4.4 岗课赛证

（1）（多选）下列应包含在建筑安装工程费人工费中的是（　　）。

A. 计时工资　　B. 奖金

C. 高温（寒）作业临时津贴　　D. 加班加点工资

（2）（单选）冬季施工日期指的是（　　）。

A. 11 月 1 日至下年 3 月 31 日　　B. 11 月 15 日至下年 4 月 15 日

C. 12 月 1 日至下年 3 月 1 日　　D. 12 月 15 日至下年 3 月 15 日

实训7 （实验楼）工程量清单编制

班级：　　　　姓名：　　　　　　组长：　　　　　　　　　　　　年　　月　　日

【实训内容】

实验楼工程量清单编制。

【实训目标】

（1）运用算量软件计算实验楼建筑及装饰工程工程量。
（2）确定实验楼分部分项工程量清单项目名称。
（3）根据图纸内容及施工方案描述工程量清单项目特征。
（4）运用软件完成实验楼工程量清单编制工作。
（5）根据需求导出实验楼工程量清单系列报表。

【课时分配】

____课时。

【工作情境】

小赵是某咨询公司助理造价工程师，正在承接的任务是编制实验楼项目的工程量清单，时间紧任务重，需要按时把工程量清单成果文件交付开发公司进行招标。

【准备工作】

（1）认真阅读实验楼建筑、结构施工图内容，如工程信息、抗震等级、混凝土强度等级等与算量有关的内容，各柱、梁、板、墙及基础等构件的信息，以及装饰工程做法。

（2）仔细阅读实验楼建筑、结构施工图，按照《规范》分部分项工程量清单的顺序确定分部分项工程量清单名称。

1）土方工程，注意区分挖基坑和挖沟槽。

2）砌筑工程，认真区分砌体墙的材料、厚度，编制分部分项工程量清单。

3）混凝土及钢筋混凝土工程，区别不同的主体框架构件（基础、柱、梁、板），注意混凝土强度等级的不同。

4）门窗工程，根据门窗的类型编制工程量清单。

5）屋面、防水及保温工程，仔细分析屋面的节点做法，编制不同的工程量清单。

6）装饰工程，认真分析图纸中装饰工程的做法（楼地面、墙面、天棚或吊顶），根据具体做法编制工程量清单。

(3)结合实验楼施工图的内容和具体施工方案，选择措施项目清单。

【实训流程】

(1)运行算量软件，绘制图形，包括柱、梁、板、基础、墙体、门窗、屋面、室内装饰等。
(2)组内复核，汇总计算，完成工程量汇总。
(3)运行计价软件，熟悉软件界面，练习操作方法。
(4)进入分部分项页面，根据《规范》顺序，或者结合施工顺序，查询分部分项工程量清单项目名称，编制工程量清单。
(5)准确描述每个分部分项工程量清单项目特征，输入工程量，注意计量单位。
(6)编制措施项目清单。
(7)组内讨论交流，互相检查，核对项目特征描述、工程量等内容，能够发现问题并及时解决。

【实训成果】

(1)完成工程量清单编制，导出工程量清单系列报表。
(2)提交文件(GBQ 文件+Excel 文件)，文件名为“班级+姓名+实训 7”。

【个人体会】

通过本实训，我学会了：
(1)
(2)
(3)

【任务评价】

实训效果评价	自评	组评	师评
(1)实训步骤是否清晰(15 分)			
(2)构件基本信息是否准确(15 分)			
(3)图元布置是否准确(15 分)			
(4)是否认真、主动学习(20 分)			
(5)是否有团队意识(20 分)			
(6)是否具有创新精神(15 分)			
小计考核分数(自评 30%、组评 30%、师评 40%)			
综合成绩			

实训8 （实验楼）招标控制价编制

班级： 姓名： 组长： 年 月 日

【实训内容】

实验楼招标控制价编制。

【实训目标】

（1）根据实验楼工程量清单文件进行组价。
（2）根据造价文件进行人材机调整。
（3）运用软件完成实验楼招标控制价编制工作。
（4）根据需求导出实验楼招标控制价系列报表。

【课时分配】

____课时。

【工作情境】

小刘是某咨询公司造价工程师，项目组刚刚承接了建设单位编制实验楼招标控制价的任务，时间紧任务重，需要按时把招标控制价成果文件交付建设单位准备进行招标。

【准备工作】

（1）仔细阅读实验楼建筑、结构施工图的内容。
（2）分析实验楼工程量清单、重点项目特征的内容。
（3）熟悉《定额》，理解定额项目相应规定。
（4）熟悉计价软件，练习操作方法。

【实训流程】

（1）运行计价软件，根据要求，新建工程。
（2）进行清单项目组价。
1）根据土方工程清单项目特征及实际施工方法选择合理的定额项目进行土方工程项目组价。
2）结合砌筑工程清单项目特征选择合理的定额项目进行组价，注意砌体材料的换算、砌筑砂浆强度等级的换算等。
3）结合混凝土及钢筋混凝土工程量清单项目特征选择准确的定额项目进行组价，注意混凝土强度等级不同时需要进行换算。

4)根据门窗工程量清单项目特征,结合实际工程做法,采用补充估价定额项目的方法进行清单组价。

5)根据屋面、防水及保温工程工程量清单项目特征,选择合理的定额项目进行组价,注意定额工程量和清单工程量的不同、结构层厚度的换算、定额内容的换算等。

6)认真分析图纸中装饰工程的做法(楼地面、墙面、天棚或吊顶),根据项目特征选择合理的定额项目进行组价,注意定额工程量和清单工程量的不同、定额内容的换算等。

(2)人材机调整。

(3)费用计取。

(4)组内讨论交流,互相检查,重点核对项目综合单价、人工单价、材料单价等内容,能够发现问题并及时解决。

(5)完成工程量清单项目组价,导出招标控制价系列报表。

【实训成果】

(1)完成招标控制价编制,导出招标控制价系列报表。

(2)提交文件(GBQ 文件+Excel 文件),文件名为“班级+姓名+实训 8”。

【个人体会】

通过本实训,我学会了:

(1)

(2)

(3)

【任务评价】

实训效果评价	自评	组评	师评
(1)实训步骤是否清晰(15 分)			
(2)构件基本信息是否准确(15 分)			
(3)图元布置是否准确(15 分)			
(4)是否认真、主动学习(20 分)			
(5)是否有团队意识(20 分)			
(6)是否具有创新精神(15 分)			
小计考核分数(自评 30%、组评 30%、师评 40%)			
综合成绩			

建筑设计总说明

一、工程概述

1. 工程名称： 实验楼
2. 建筑面积：500.43m² 占地面积：242.95m²
3. 结构类型：框架结构 建筑层数：二层
4. 建筑物设计使用年限：50年 抗震设防烈度6度。
5. 建筑物耐火等级：按二级耐火等级设计、建筑分类三类、建筑安全等级2级、屋面防水等级：Ⅱ级；施工质量控制等级B级。

二、设计依据

1. 民用建筑设计通则(GB50352-2005)
2. 建筑设计防火规范(GB50016-2014)
3. 屋面工程技术规范(GB50345-2012)
4. 工程建设标准强制性条文（2013年版）
5. 公共建筑节能设计标准（DB22/436-2007）
6. 其他现行的国家有关建筑设计规范、规程及规定。

三、标高 尺寸 单位

1. 标高：本工程一层室内设计标高为±0.000,室内外高差300mm。
2. 本工程尺寸单位：标高以“米”为单位外，其余均以“毫米”为单位。

四、材料及构造说明

1. 墙体工程

墙体采用M7.5混合砂浆砌筑MU5页岩空心砖

2. 外墙体保温：

墙身做法由内至外：20厚混合砂浆，300厚页岩空心砖，20厚水泥砂浆找平层，4mm胶粘剂，80厚B1级阻燃型EPS保温板，6mm网格布、抹面胶浆，柔性腻子涂料。

五、屋面工程

1. 屋面防水等级Ⅱ级；
2. 屋面保温采用阻燃型EPS保温板120mm(容重要求≥0.18KN/m³)（燃烧性能为B1级）
3. 屋面防水：采用合成高分子卷材防水层(d=1.5mm)，具体构造见构造节点。

六、楼地面工程

1. 楼面

(1) 楼面具体做法见工程做法表

(2) 楼梯踏步面层及防滑条参06SJ403-1 P149-17

2. 地面

地面具体做法见工程做法表

七、装修工程

1. 外装修设计和做法索引见“立面图”及效果图。

外墙弹性涂料饰面

2. 内墙面：

(1) 内墙做法见工程做法表。

(2) 天棚面、楼梯底采用1:3:9混合砂浆分层赶平。

(3) 所有门洞及柱等内墙阳角做1800高1:2.5水泥砂浆暗护角。

3. 除卫生间所有内墙及外墙内侧均做200高1：2水泥砂浆压光的暗踢脚线，楼梯踏步为花岗岩防滑面层，扶手为不锈钢管，窗台为成品花岗岩窗台板。

八、门窗工程

1. 门窗立面均表示洞口尺寸，门窗加工尺寸要按照装修面厚度由承包商予以调整。
2. 门窗以复合保温平开门窗为主，详见门窗表。
3. 所有防护栏杆竖向杆件净距不应大于110mm，其高度不应小于1.05m。

安装埋件由制作单位结合栏杆样式预埋预留。

4. 填充墙窗口下应做60厚C20细石砼压顶。
5. 一层窗设内置式可控防盗栏杆。
6. 塑钢窗框与墙体间缝隙填嵌应施打聚氨酯发泡胶，发泡前应清理干净，发泡胶一次成型、填充饱满。

九、防水

1. 凡需要楼地面防水的房间以及设有地漏房间应做防水层，凡管道穿楼板处均预埋防水套管，用沥青马蹄脂塞严，不得渗漏，图中未注明整个房间做坡度者，均做1%坡度坡向地漏。
2. 卫生间地面及墙面（高600）做卷材防水，面层为20厚1：3水泥砂浆。

卫生间楼面按质量要求做蓄水试验，无渗漏者方为合格。

结构设计总说明

一、工程概况

1. 本工程长为21.720 米，宽为11.520 米，高为7.200米，地上二层。
2. 本工程结构形式为框架结构。抗震设防烈度：6度 抗震等级：三级

二、设计依据

1. 设计使用年限：50年。
2. 《建筑结构荷载规范》（GB50009-2012）

《建筑地基基础设计规范》（GB50007-2011）

《混凝土结构设计规范》（GB50010-2010）

《混凝土结构工程施工质量验收规范》（GB50204-2002）2011版

《砌体结构设计规范》（GB50003-2011）

《混凝土结构施工图平面整体表示方法制图规则和构造详图22G101系列图集》

三、图纸说明

1. 混凝土构件的环境类别

位置	混凝土环境类别	位置	混凝土环境类别
室内	一	基础	二b
雨篷	二b	阳台栏板	二b
女儿墙	二b		

2. 混凝土各构件保护层及强度等级：

构 件	砼强度等级	砼保护层厚度	备 注
基 础	C30	40mm	保护层厚度从垫层顶面算起
柱	C30	20mm	环境类别为二类（b）时，保护层厚度为35mm
梁	C30	20mm	
楼板	C30	15mm	环境类别为二类（b）时，保护层厚度为25mm
楼梯踏步板	C25	20mm	

3. Φ表示HPB300钢筋，Φ表示HRB400钢筋。

4. 钢筋接头形式及要求：

框架梁、框架柱、剪力墙暗柱主筋采用直螺纹机械连接接头，其余构件当受力钢筋直径≥22时，应采用直螺纹机械连接接头；当受力钢筋直径<22时，可采用绑扎连接接头。

5. 凡在板上砌隔墙时，应在墙下板内的底部增设加强筋，当板跨小于2500mm时取3Φ8；当板跨大于等于2500mm时取3Φ10。
6. 未注明的板分布筋为Φ6@250。
7. 主梁内次梁处或在主梁上有楼梯柱等有集中荷载时，在主梁上按国标《22G101-1》的要求附加箍筋或设置吊筋。图中未注明时除主梁原配箍筋外，每侧附加3排箍筋，箍筋肢数、直径同主梁箍筋，间距50mm。次梁吊筋在梁配筋图中标示。

四、砌体结构

1. 砌体填充墙应沿墙体高度每隔500mm设2Φ6拉筋，拉筋与主体结构的拉接作法详见国家标准《砌体填充墙结构构造图集》
2. 填充墙砌体与梁、柱或混凝土墙体结合处（包括内、外墙），在粉刷前设置400mm宽钢丝网片，并沿界面两侧各延伸200mm。
3. 楼梯间和人流通道的填充墙，应采用Φ4@150X150钢丝网砂浆面层加强。
4. 砌体墙上门窗洞口过梁要求或注明所引用的标注图

填充墙洞口过梁可根据建施图纸的洞口尺寸按《G322-1～4钢筋混凝土过梁》选用，荷载按一级取用。当洞口紧贴柱或钢筋混凝土墙时，过梁改为现浇。

现浇过梁截面、配筋按图一：

(1) 应在墙体转角、不同厚度墙体交接处设置钢筋混凝土构造柱。构造柱配筋见图二构造柱与楼面相交处在施工楼面时应留出相应插筋，见图三。

(2) 当砌体填充墙高度大于4m时应设钢筋混凝土圈梁。作法为：内墙门洞上设一道，兼作过梁，外墙窗及窗顶处各设一道。内墙圈梁宽度同墙厚，高度120mm。外墙圈梁宽度见建筑墙身剖面图，高度180mm。圈梁宽度b≤240mm时，配筋上下各2Φ12，Φ6@200箍筋；b>240mm时，配筋上下各2Φ14，Φ6@200箍筋。

圈梁兼作过梁时，应在洞口上方按过梁要求确定截面并另加钢筋。

注：本设计为教学用途，请勿指导施工。

设 计		项目负责人		设计总说明	设计名称	
制 图		审 定			图 号	
校 对		审 核			日 期	

图 1 设计总说明

室内装修做法表

房间名称		楼（地）面	墙面	天棚（吊顶）	踢脚
一层	监控室	地面2	内墙1	吊顶1	踢脚1
	设备室	地面2	内墙1	天棚1	踢脚1
	实验室	地面2	内墙1	天棚1	踢脚1
	卫生间	地面3	内墙2	天棚1	/
	走廊	地面1	内墙3	天棚1	踢脚2
	楼梯间	地面1	内墙1	天棚1	踢脚2
	门厅	地面1	内墙3	天棚1	踢脚2
二层	办公室	楼面2	内墙1	天棚1	踢脚1
	机房	楼面4	内墙1	吊顶1	/
	实验室	楼面2	内墙1	天棚1	踢脚1
	卫生间	楼面3	内墙2	天棚1	/
	走廊	楼面2	内墙3	天棚1	踢脚2
	楼梯间	楼面1	内墙1	天棚1	踢脚2

门窗表

类别	代　号	宽	高	数量	
门	M0821	800	2100	4	实木门
	M1021	1000	2100	6	实木门
	M1221	1200	2100	12	塑钢门
	M1830	1800	3000	1	保温门
	M1024	1000	2400	1	保温门
窗	C1821	1800	2100	23	塑钢窗
	C1221	1200	2100	3	塑钢窗

设　计		项目负责人		门窗表及工程做法	设计名称	实验楼
制　图		审　定			图　号	
校　对		审　核			日　期	

图2　门窗表及工程做法

工程做法

地面1：大理石地面（800×00）
1. 20厚大理石板，稀水泥擦缝
2. 撒素水泥面（洒适量清水）
3. 30厚1:3干硬性水泥砂浆粘结层
4. 100厚C15素混凝土
5. 150厚碎石灌浆
6. 素土夯实

地面2：地砖地面（600×600）
1. 陶瓷地面砖，建筑胶粘剂粘铺，稀水泥浆擦缝
2. 20厚1：2干硬性水泥砂浆粘结层
3. 100厚C15素混凝土
4. 150厚碎石灌M2.5混合砂浆，振捣密实
5. 素土夯实，压实系数0.95

地面3：防滑地砖地面（300×300）
1. 防滑地砖，建筑胶粘剂粘铺，稀水泥浆擦缝
2. 20厚1：2干硬性水泥砂浆粘结层
3. 3厚高聚合物改性沥青涂膜防水层，四周往上卷600高
4. 30厚C15细石混凝土找平
5. 150厚碎石灌M2.5混合砂浆，振捣密实
6. 素土夯实，压实系数0.95

楼面1：大理石楼面（800×00）
1. 20厚大理石板，稀水泥擦缝
2. 撒素水泥面（洒适量清水）
3. 30厚1:3干硬性水泥砂浆粘接层
4. 钢筋混凝土楼板

楼面2：地砖楼面（600×600）
1. 陶瓷地面砖，建筑胶粘剂粘铺，稀水泥浆擦缝
2. 20厚1：3水泥砂浆粘结层
3. 素水泥浆一道（内掺建筑胶）
4. 钢筋混凝土楼板

楼面3：防滑地砖防水楼面（300×300）
1. 防滑地砖，建筑胶粘剂粘铺，稀水泥浆擦缝
2. 20厚1：2干硬性水泥砂浆粘结层
3. 1.5厚高聚合物改性沥青涂膜防水层，四周往上卷600高
4. 20厚1:3水泥砂浆找平层
5. 素水泥浆一道
6. 40厚C15细石混凝土从门口向地漏找1%坡
7. 钢筋混凝土楼板

楼面4：防静电地板
1. 铝合金高架空防静电活动地板
2. 20厚1:2.5水泥砂浆，压实赶光
3. 2厚聚氨酯防水层
4. 20厚1:3水泥砂浆
5. 钢筋混凝土楼板

墙面1：乳胶漆墙面
1. 乳胶漆墙面（两遍）
2. 5厚1:2.5水泥砂浆找平
3. 9厚1:3水泥砂浆打底扫毛
4. 素水泥浆一道（内掺建筑胶）

内墙面2：瓷砖墙面（300×300）
1. 5厚釉面砖面层，白水泥擦缝
2. 5厚1:2水泥砂浆粘结层
3. 9厚1:3水泥砂浆打底压实抹平
4. 素水泥浆一道

内墙面3：大理石墙面
1. 稀水泥浆擦缝
2. 挂贴20厚大理石板，绑扎牢固，灌干混砂浆并分层振捣密实
3. 基层墙体

天棚1：抹灰天棚
1. 混凝土天棚一次抹灰
2. 乳胶漆两遍。

吊顶1：铝合金条板吊顶；燃烧性能为A级（2700高）
1. 铝合金条板
2. 铝合金条板天棚龙骨
3. 现浇钢筋混凝土板底

台阶：花岗岩台阶
1. 防滑花岗岩板
2. 20厚1:3水泥砂浆找平层
3. 100厚C15混凝土
4. 500厚毛石砌体
5. 1000厚炉渣防冻层
6. 素土夯实

坡道：混凝土坡道
1. 100厚C20混凝土随捣随抹
2. 300厚碎石灌M2.5混合砂浆，宽出面层300
3. 素土夯实

踢脚1：地砖踢脚（高100）
1. 10厚地砖 踢脚
2. 8厚1:2水泥砂浆（内掺建筑胶）结合层
3. 5厚1:3水泥砂浆打底扫毛或划出纹道

踢脚2：大理石踢脚（高100）
1. 15厚大理石踢脚，稀水泥浆擦缝
2. 10厚1:2水泥砂浆（内掺建筑胶）结合层
3. 界面剂一道甩毛

散水：混凝土散水800宽
1. 80厚C15混凝土面层，撒1:1水泥沙子压实赶光
2. 150厚碎石灌M2.5混合砂浆，宽出面层100
3. 素土夯实，向外坡3%-5%

设计		项目负责人		工程做法	设计名称	实验楼
制图		审定			图号	
校对		审核			日期	

图3 工程做法

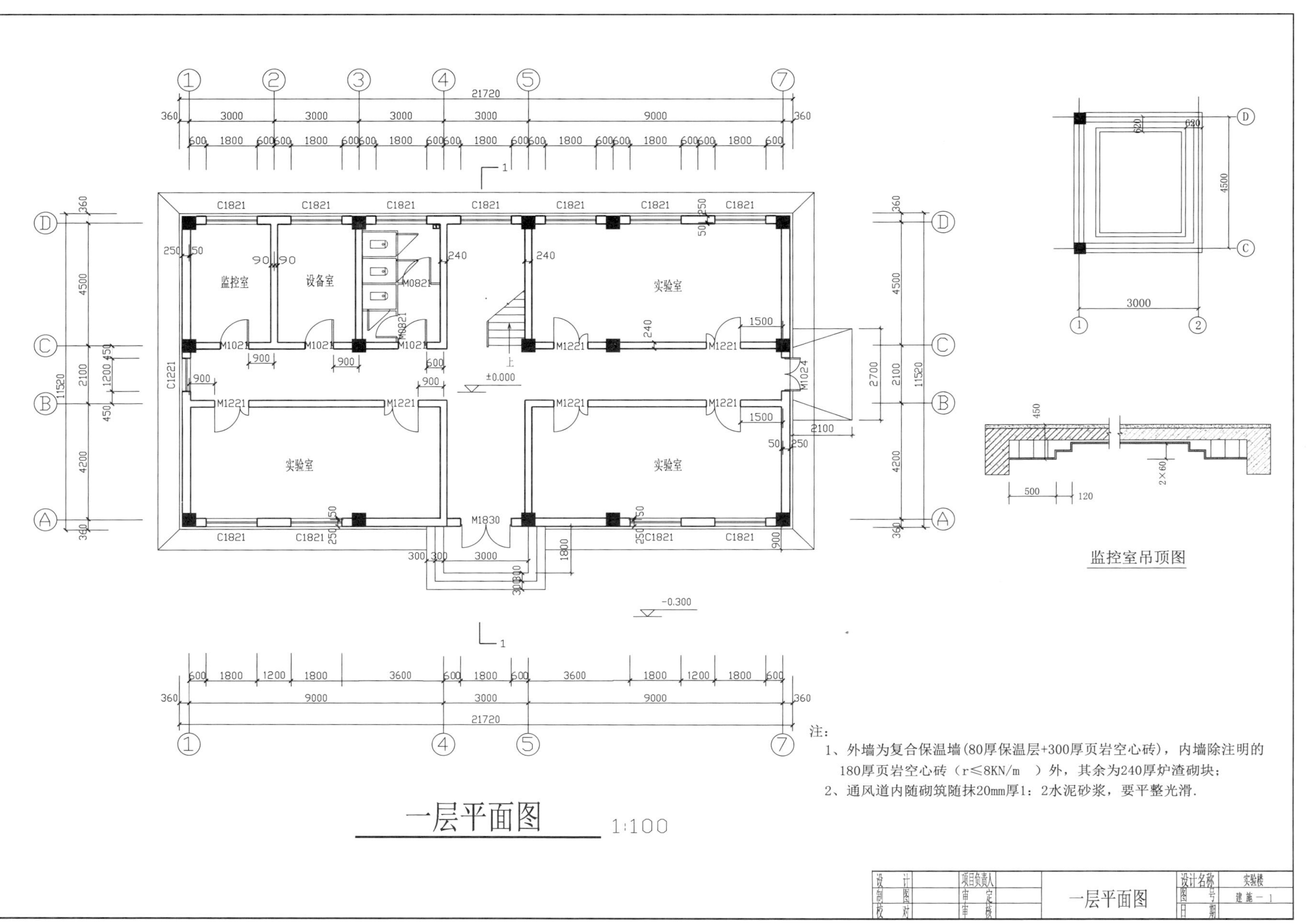

监控室
设备室
实验室
实验室
实验室
实验室
监控室吊顶图
注：
1、外墙为复合保温墙(80厚保温层+300厚页岩空心砖)，内墙除注明的180厚页岩空心砖（r≤8KN/m ）外，其余为240厚炉渣砌块；
2、通风道内随砌筑随抹20mm厚1：2水泥砂浆，要平整光滑.
一层平面图
1:100
设计 制图 校对
项目负责人 审定 审核
一层平面图
设计名称 实验楼
图号 建施－1
日期

图 4　一层平面图

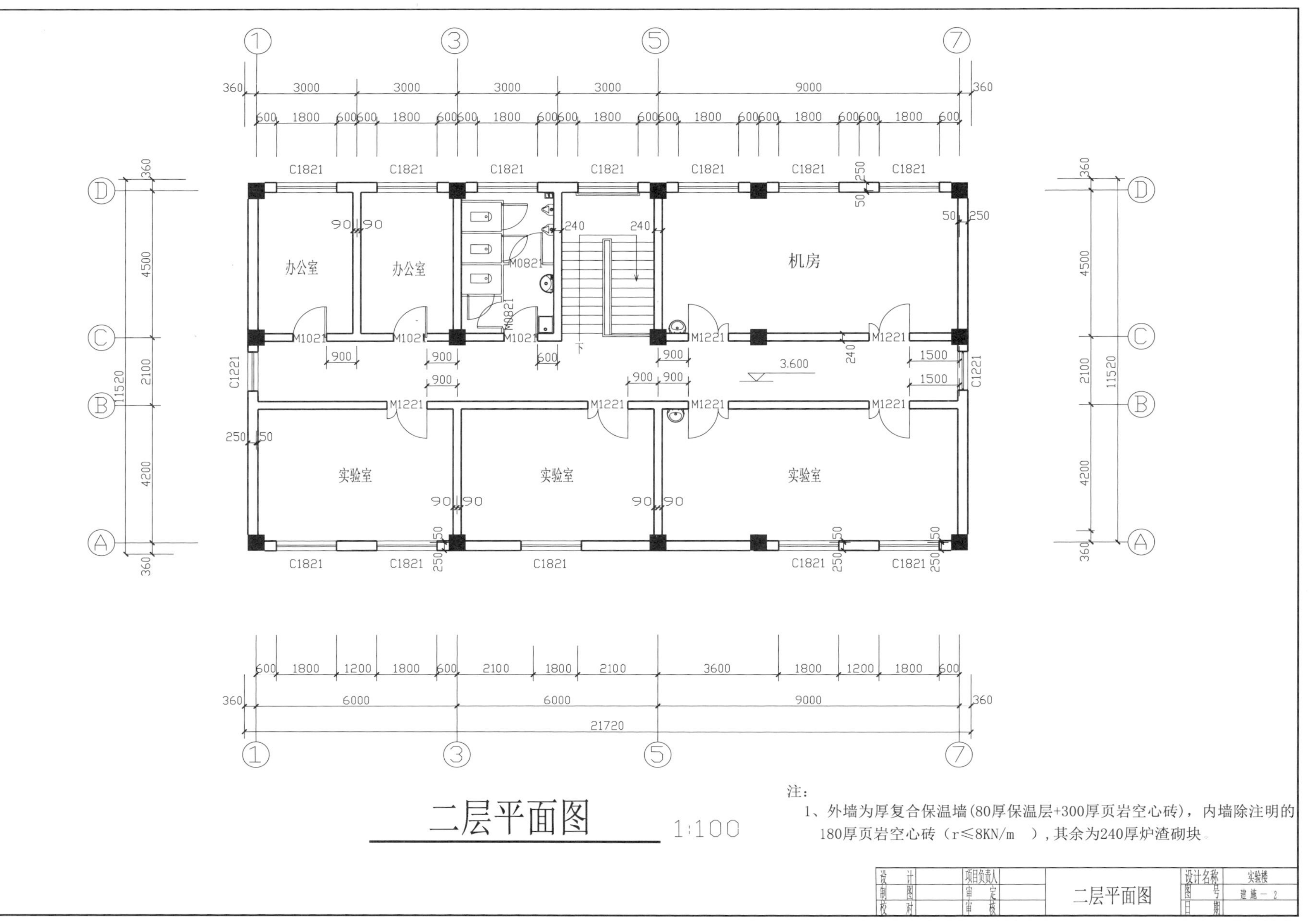
办公室
办公室
机房
实验室
实验室
实验室
3.600
C1821
C1221
M1021
M0821
M1221
21720
11520
二层平面图
1:100
注：
1、外墙为厚复合保温墙（80厚保温层+300厚页岩空心砖），内墙除注明的180厚页岩空心砖（r≤8KN/m ），其余为240厚炉渣砌块。
设计
制图
校对
项目负责人
审定
审核
二层平面图
设计名称
实验楼
图号
建施－2
日期

图 5　二层平面图

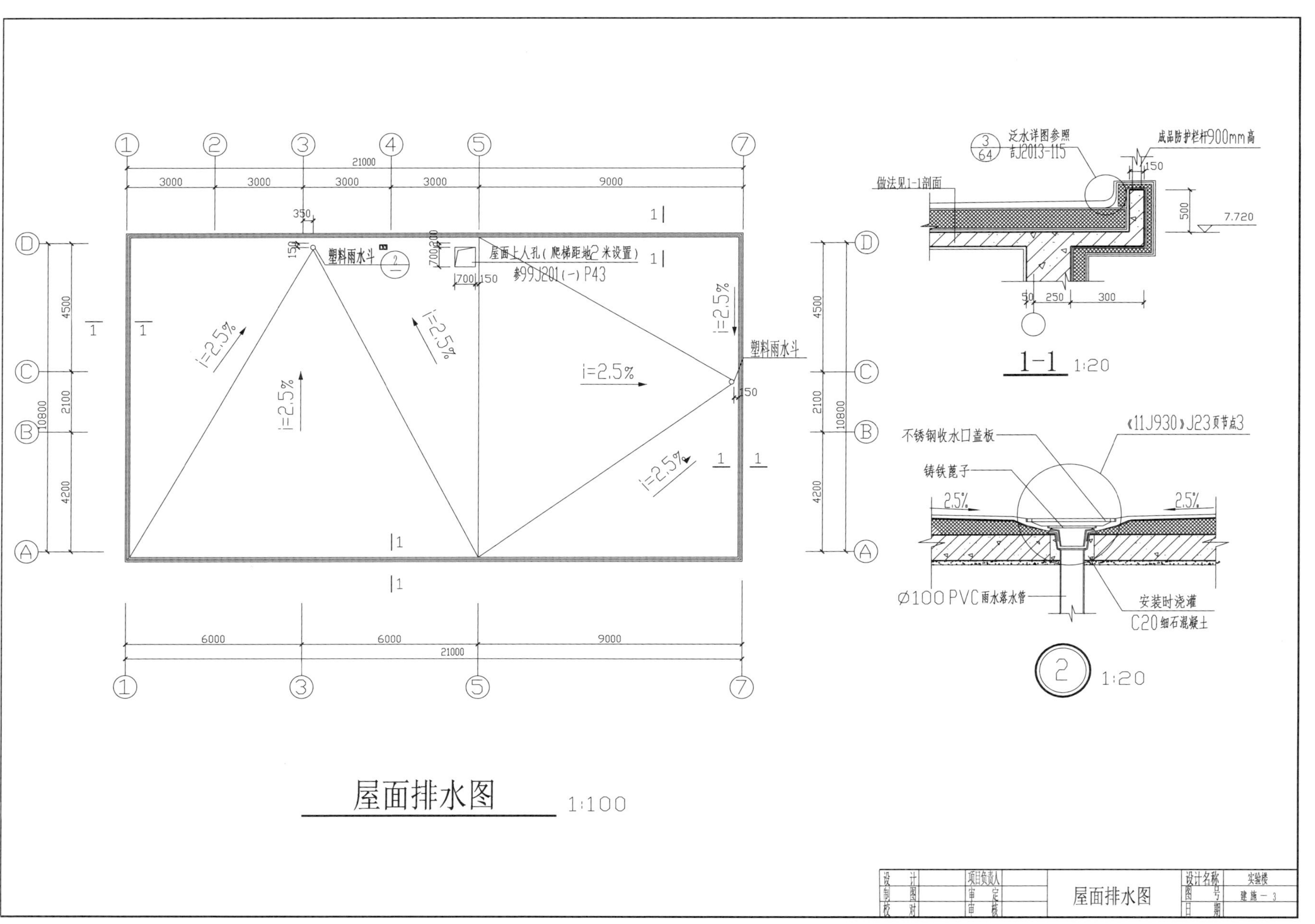

屋面排水图
1:100
屋面上人孔（爬梯距地2米设置）
参99J201(一) P43
塑料雨水斗
i=2.5%
21000
10800
泛水详图参照
11J2013-115
成品防护栏杆900mm高
做法见1-1剖面
7.720
1-1 1:20
《11J930》J23页节点3
不锈钢收水口盖板
铸铁篦子
Ø100 PVC雨水落水管
安装时浇灌
C20细石混凝土
2 1:20
设计名称 实验楼
图号 建施－3

图 6　屋面排水图

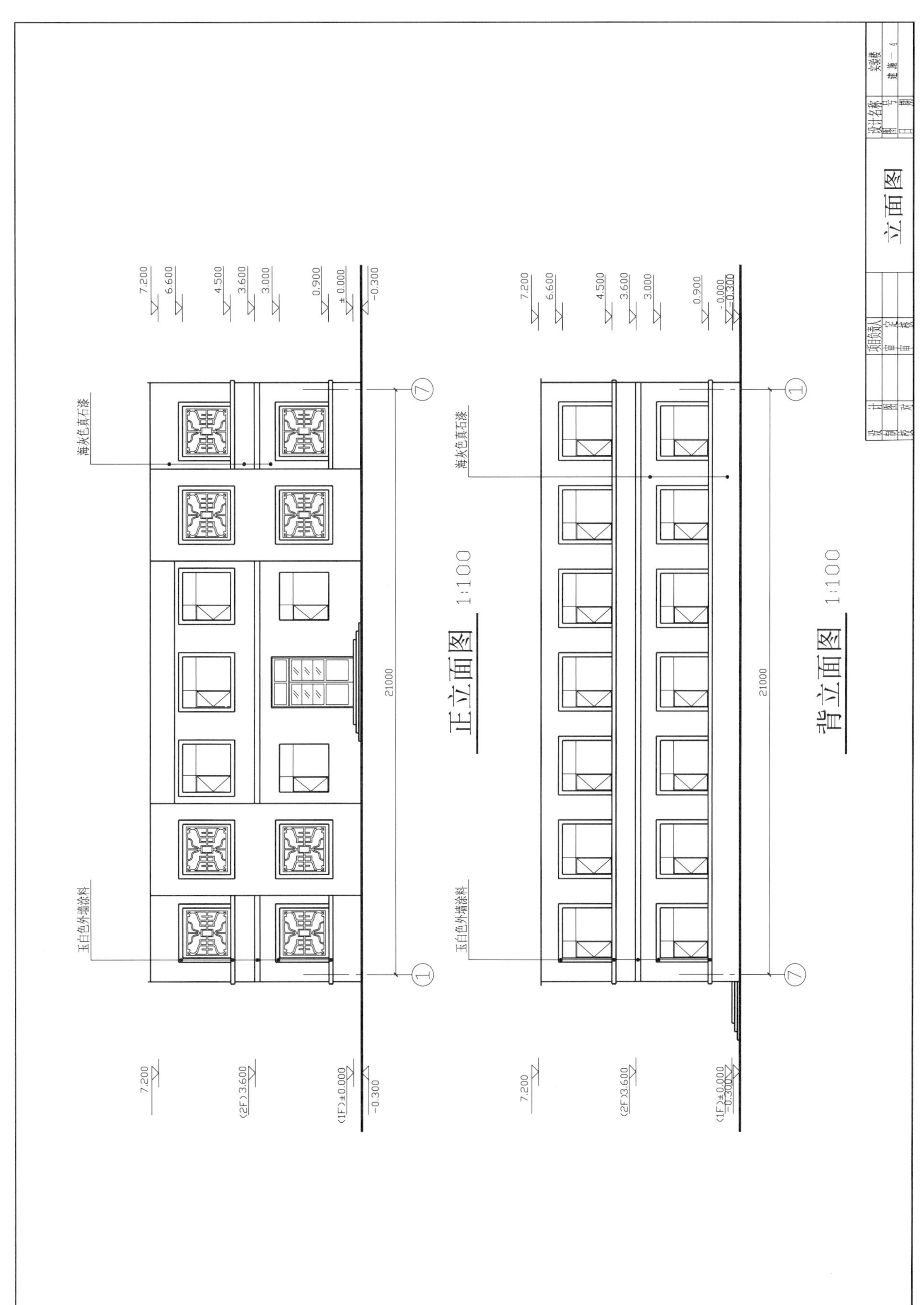

正立面图 1:100
背立面图 1:100
立面图
海灰色真石漆
玉白色外墙涂料
21000
7.200
6.600
4.500
3.600
3.000
0.900
±0.000
-0.300
(2F)3.600
(1F)±0.000
项目负责人
设计名称
实验楼

图 7　立面图

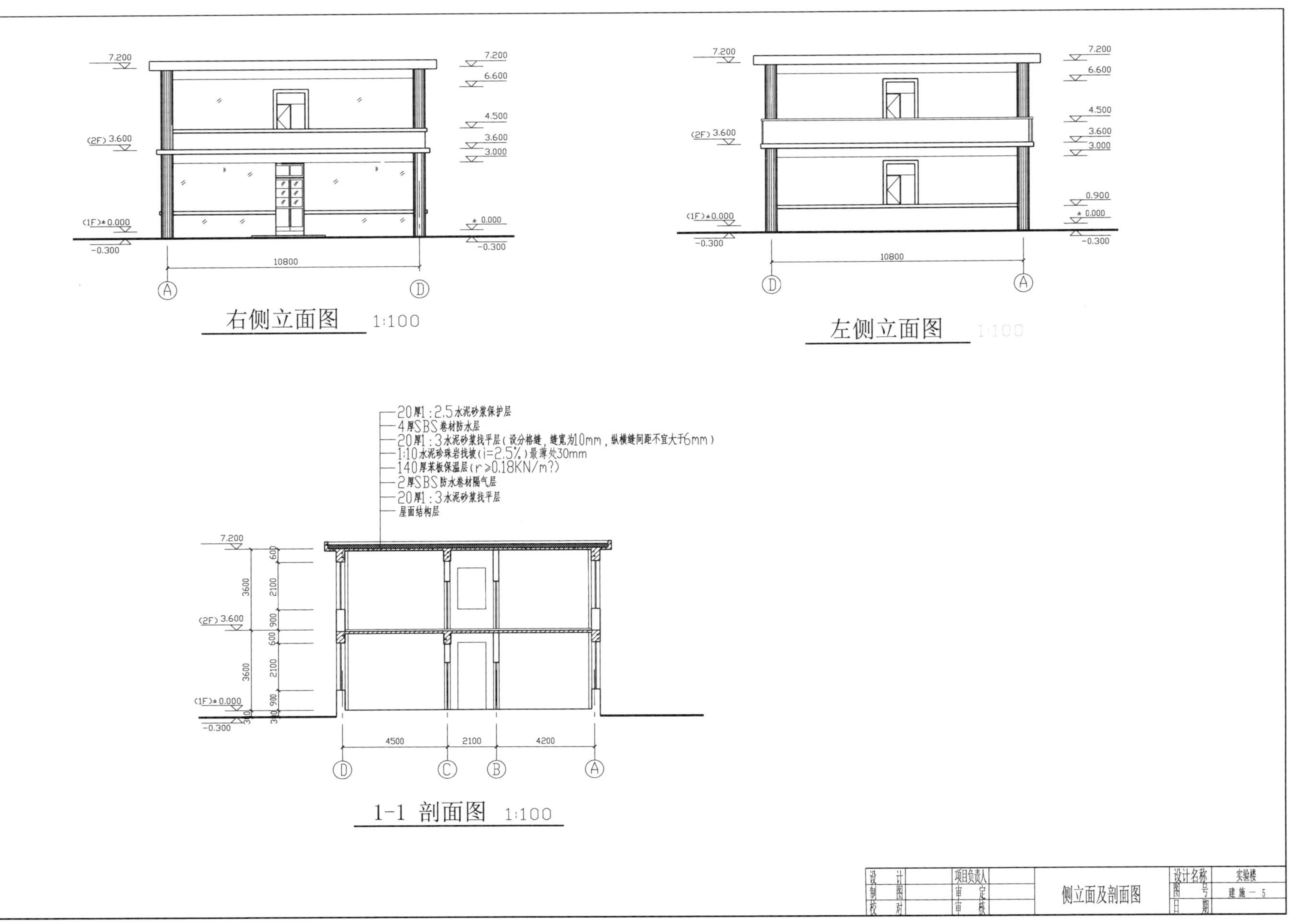
右侧立面图 1:100
左侧立面图 1:100
20厚1:2.5水泥砂浆保护层
4厚SBS卷材防水层
20厚1:3水泥砂浆找平层(设分格缝，缝宽为10mm，纵横缝间距不宜大于6mm)
1:10水泥珍珠岩找坡(i=2.5%)最薄处30mm
140厚苯板保温层(r≥0.18KN/m?)
2厚SBS防水卷材隔气层
20厚1:3水泥砂浆找平层
屋面结构层
1-1 剖面图 1:100
设计
制图
校对
项目负责人
审定
审核
侧立面及剖面图
设计名称 实验楼
图号 建施－5
日期

图 8　侧立面及剖面图

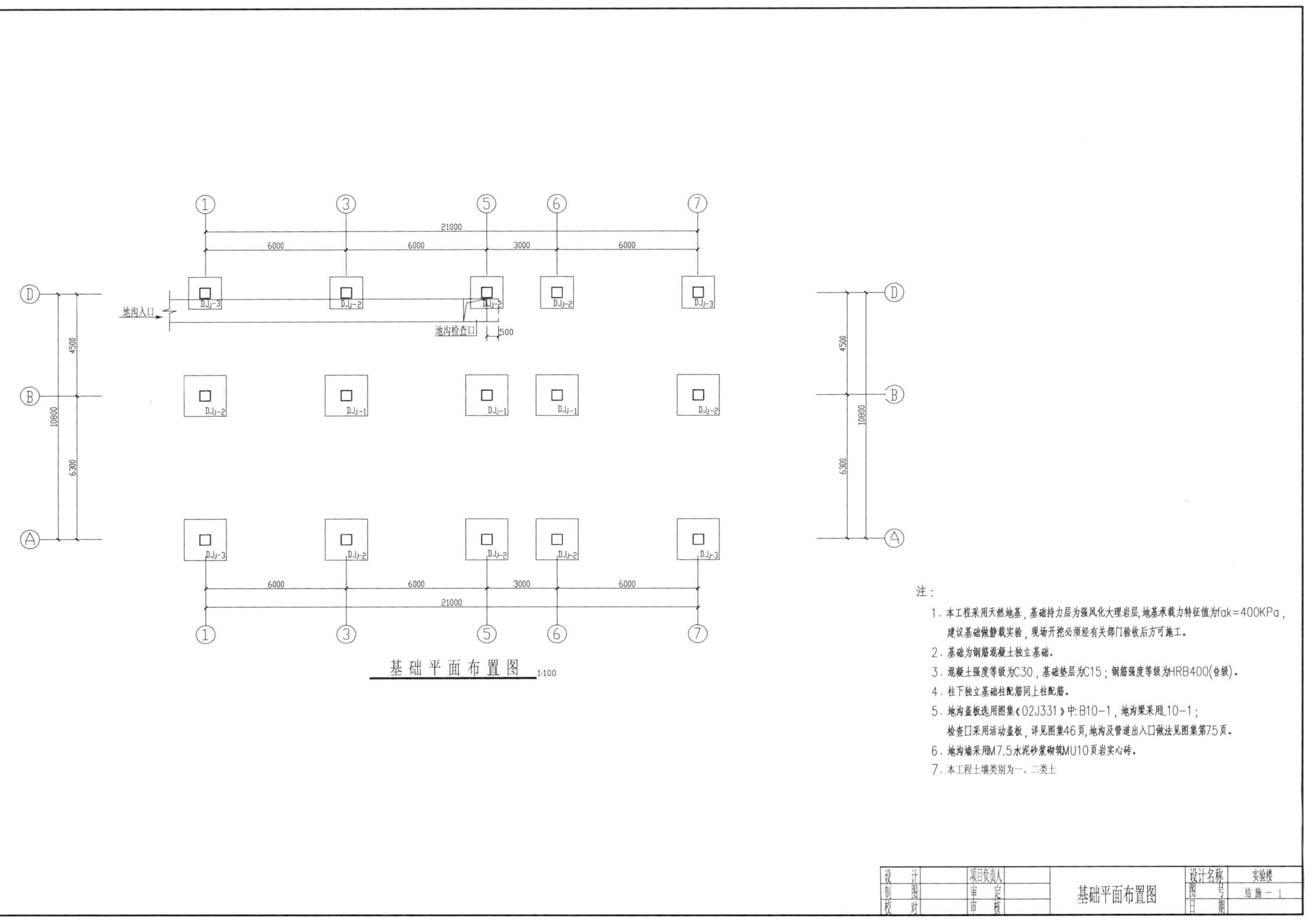
基础平面布置图 1:100
注：
1. 本工程采用天然地基，基础持力层为强风化大理岩层，地基承载力特征值为fak=400KPa，
建议基础做静载实验，现场开挖必须经有关部门验收后方可施工。
2. 基础为钢筋混凝土独立基础。
3. 混凝土强度等级为C30，基础垫层为C15；钢筋强度等级为HRB400(⌀级)。
4. 柱下独立基础柱配筋同上柱配筋。
5. 地沟盖板选用图集《02J331》中:B10-1，地沟梁采用L10-1；
检查口采用活动盖板，详见图集46页，地沟及管道出入口做法见图集第75页。
6. 地沟墙采用M7.5水泥砂浆砌筑MU10页岩实心砖。
7. 本工程土壤类别为一、二类土
地沟入口
地沟检查口
500
21000
6000
3000
4500
6300
10800
DJj-1
DJj-2
DJj-3
设计名称 实验楼
图号 结施－1
基础平面布置图

图 9　基础平面布置图

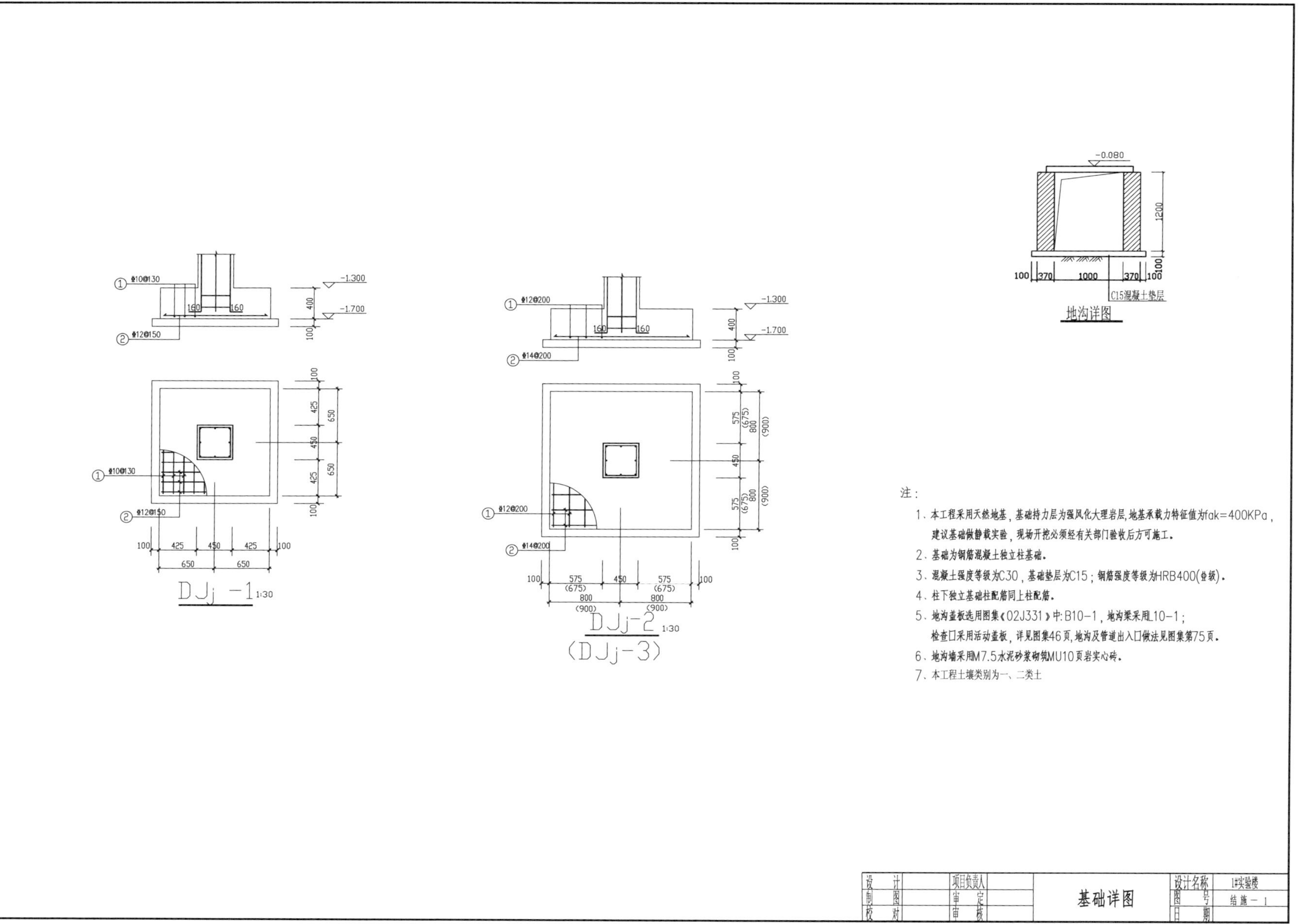
DJj-1 1:30
DJj-2 1:30
(DJj-3)
地沟详图
C15混凝土垫层
注：
1. 本工程采用天然地基，基础持力层为强风化大理岩层，地基承载力特征值为fak=400KPa，
建议基础做静载实验，现场开挖必须经有关部门验收后方可施工。
2. 基础为钢筋混凝土独立柱基础。
3. 混凝土强度等级为C30，基础垫层为C15；钢筋强度等级为HRB400(Φ级)。
4. 柱下独立基础柱配筋同上柱配筋。
5. 地沟盖板选用图集《02J331》中:B10-1，地沟梁采用L10-1；
检查口采用活动盖板，详见图集46页，地沟及管道出入口做法见图集第75页。
6. 地沟墙采用M7.5水泥砂浆砌筑MU10页岩实心砖。
7. 本工程土壤类别为一、二类土
设计
制图
校对
项目负责人
审定
审核
基础详图
设计名称 1#实验楼
图号 结施-1
日期

图 10 基础详图

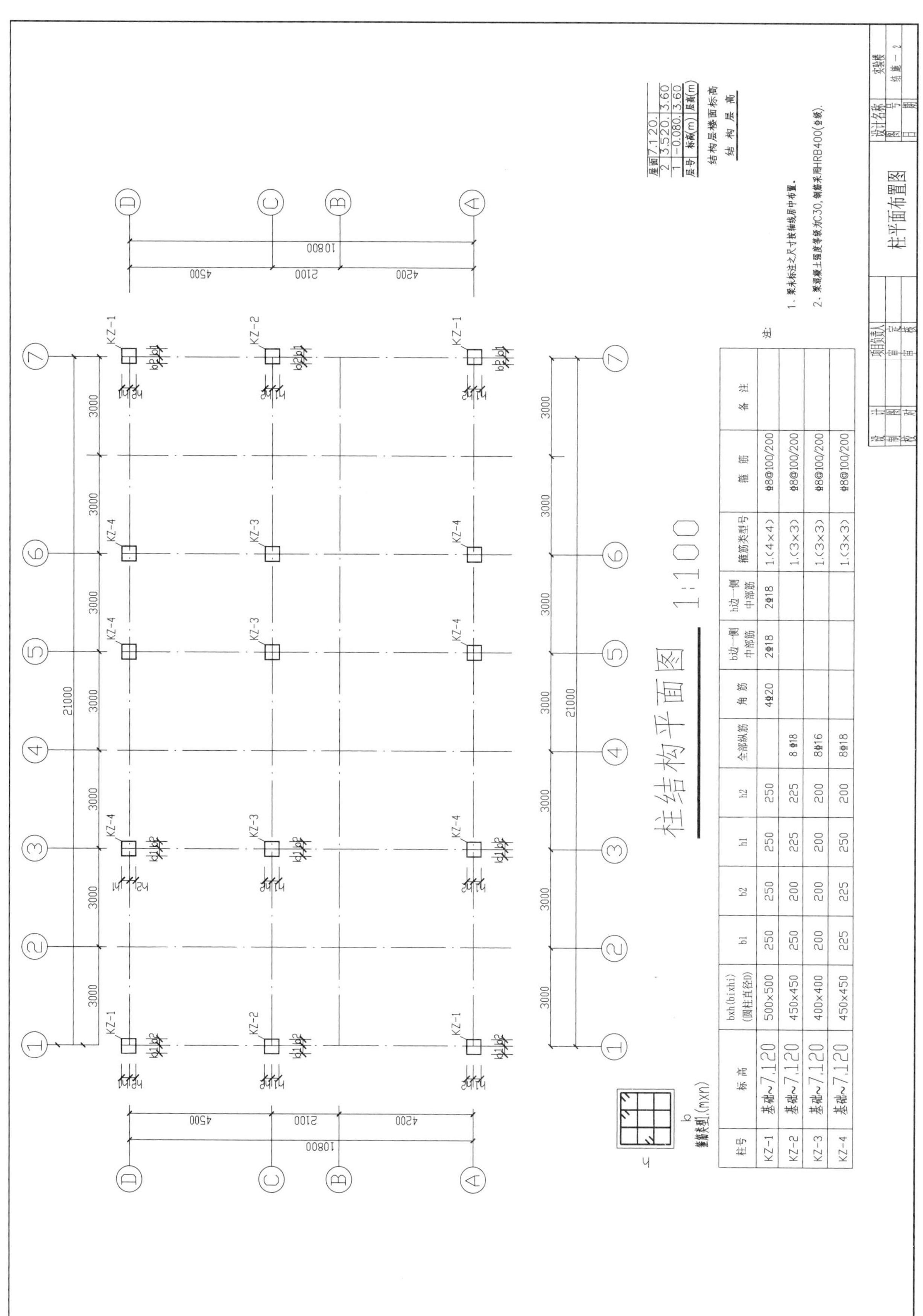
柱结构平面图 1:100
柱平面布置图
结构层楼面标高
结构层高
屋面 7.120
2 3.520 3.60
1 -0.080 3.60
层号 标高(m) 层高(m)
注:
1. 梁未标注之尺寸按轴线居中布置。
2. 梁混凝土强度等级为C30, 钢筋采用HRB400(Φ级)。
柱号 标高 bxh(bixhi)(圆柱直径D) b1 b2 h1 h2 全部纵筋 角筋 b边一侧中部筋 h边一侧中部筋 箍筋类型号 箍筋 备注
KZ-1 基础~7.120 500×500 250 250 250 250 4Φ20 2Φ18 2Φ18 1.(4×4) Φ8@100/200
KZ-2 基础~7.120 450×450 250 200 225 225 8Φ18 1.(3×3) Φ8@100/200
KZ-3 基础~7.120 400×400 200 200 200 200 8Φ16 1.(3×3) Φ8@100/200
KZ-4 基础~7.120 450×450 225 225 250 200 8Φ18 1.(3×3) Φ8@100/200
箍筋类型1.(m×n)
KZ-1 KZ-2 KZ-3 KZ-4
21000 3000 10800 4500 2100 4200

图 11　柱平面布置图

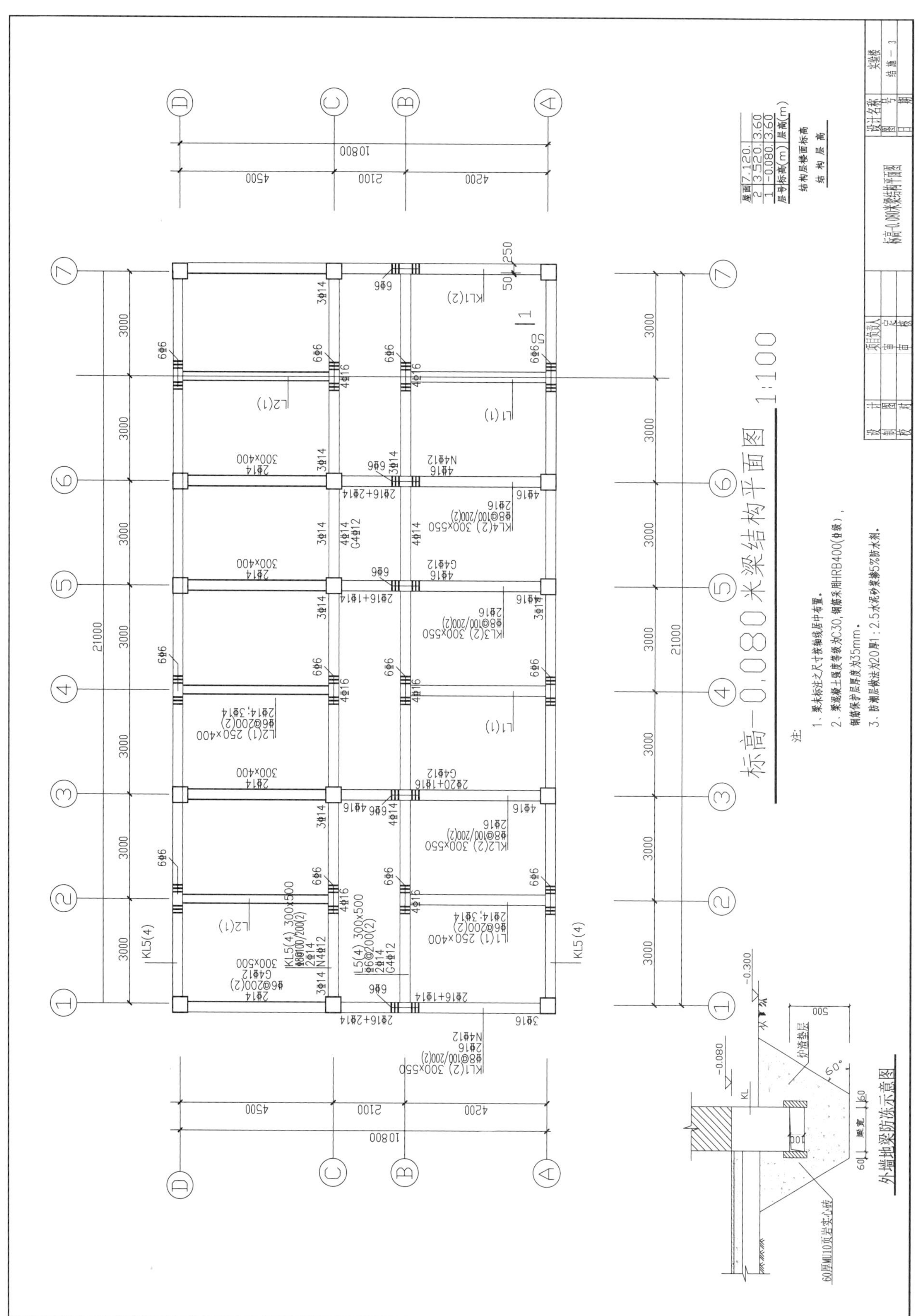

图 12 标高-0.080 米梁结构平面图

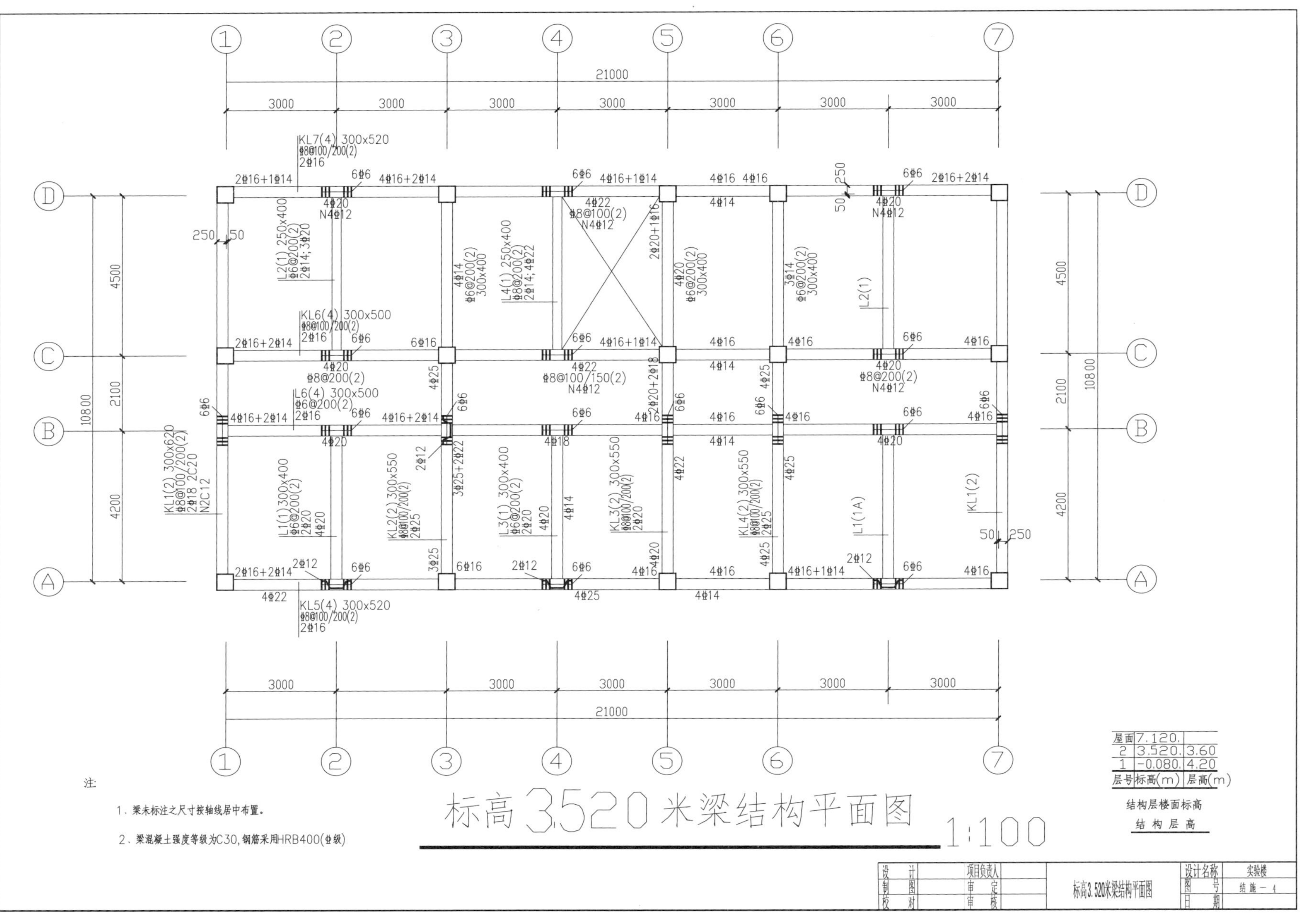

图 13　标高 3.520 米梁结构平面图

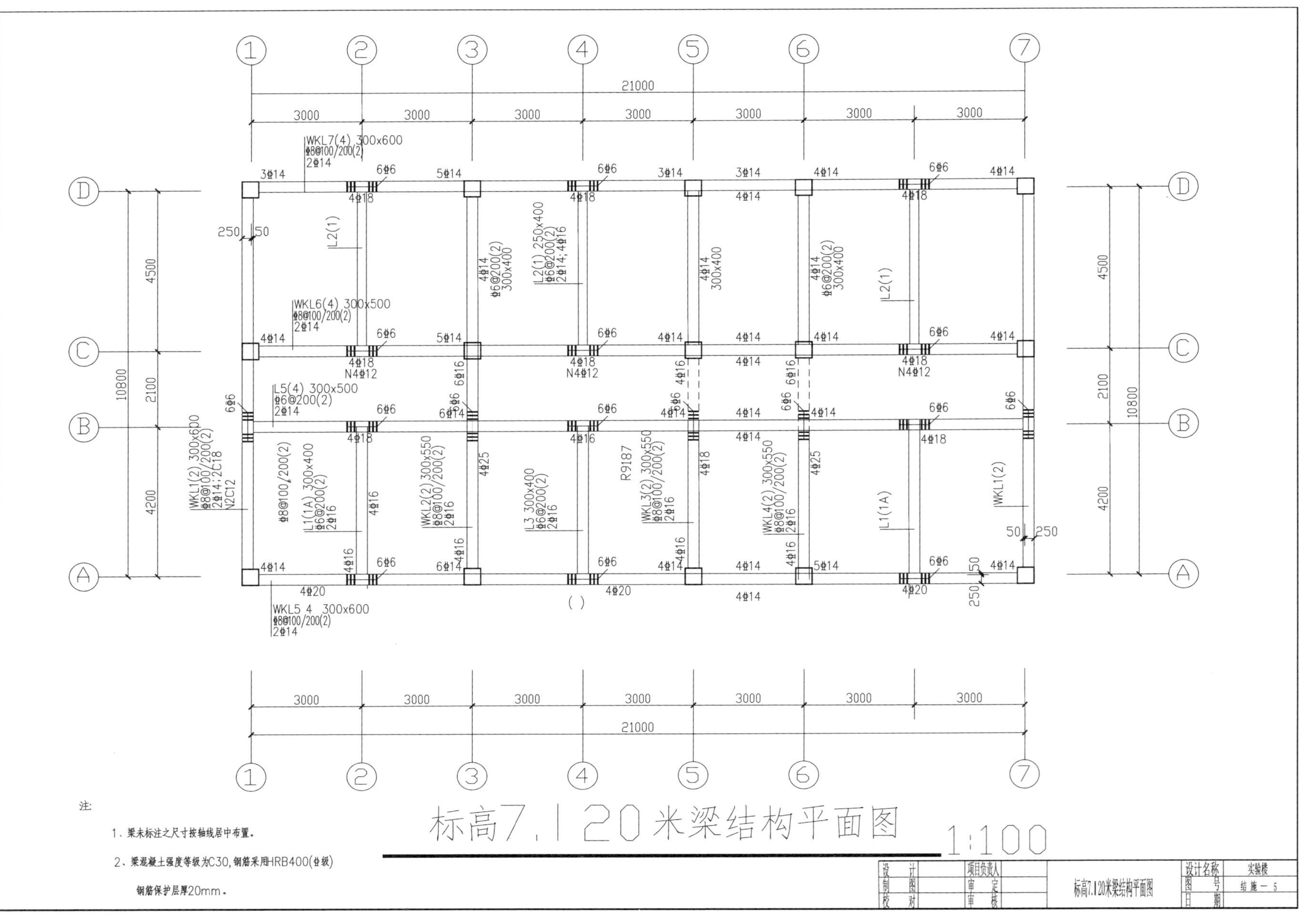

图 14　标高 7.120 米梁结构平面图

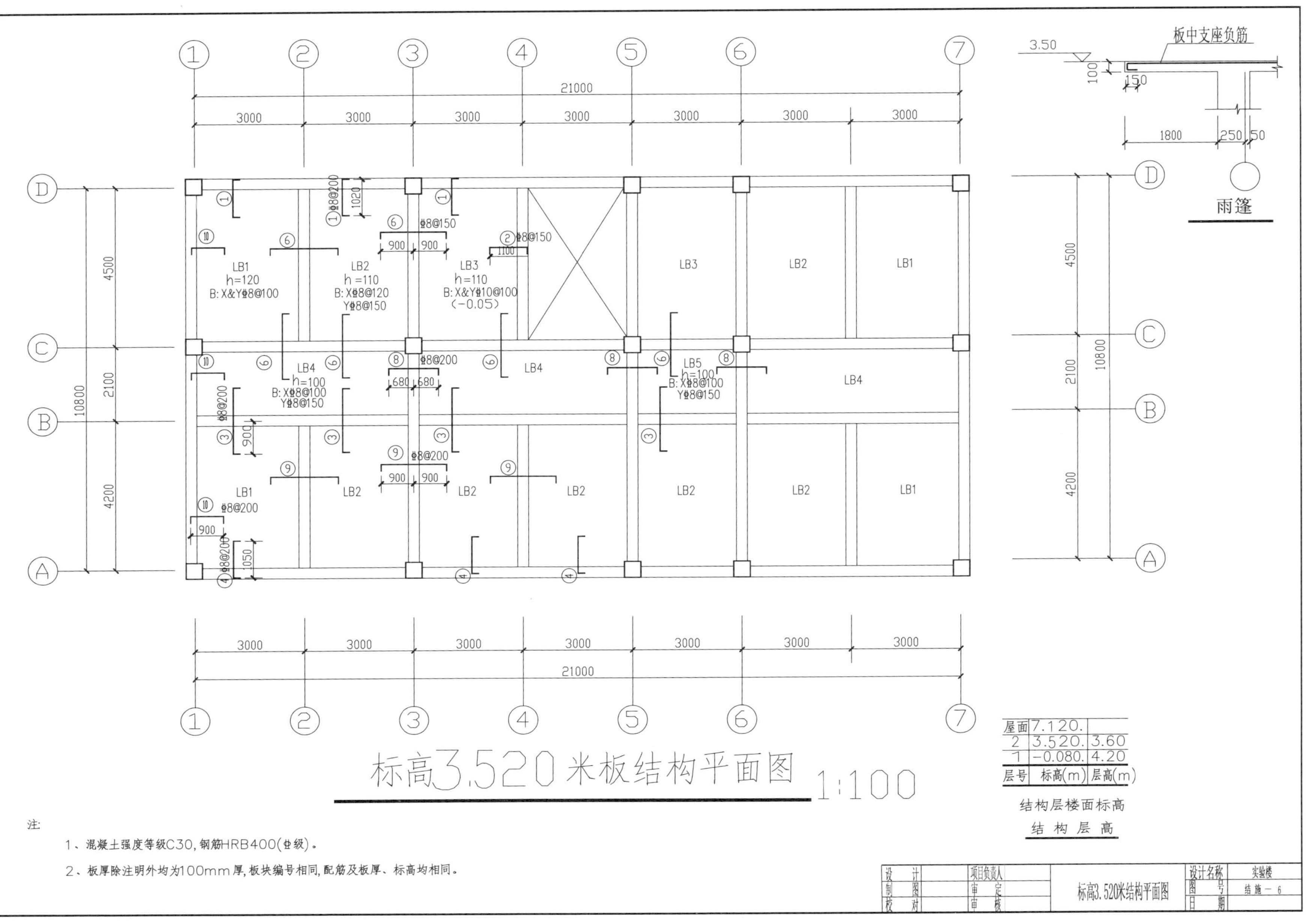

图 15　标高 3.520 米结构平面图

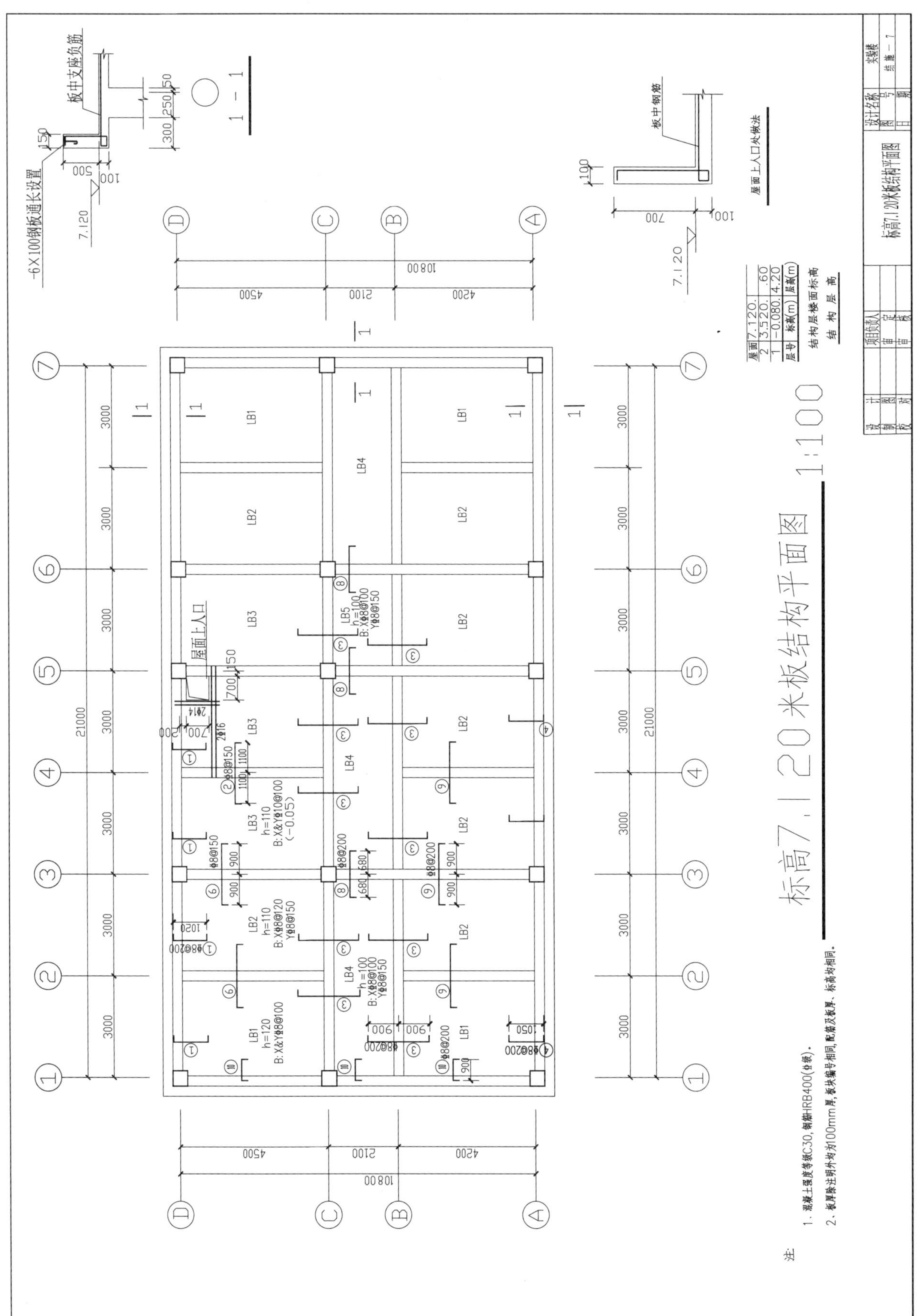

图 16　标高 7.120 米板结构平面图

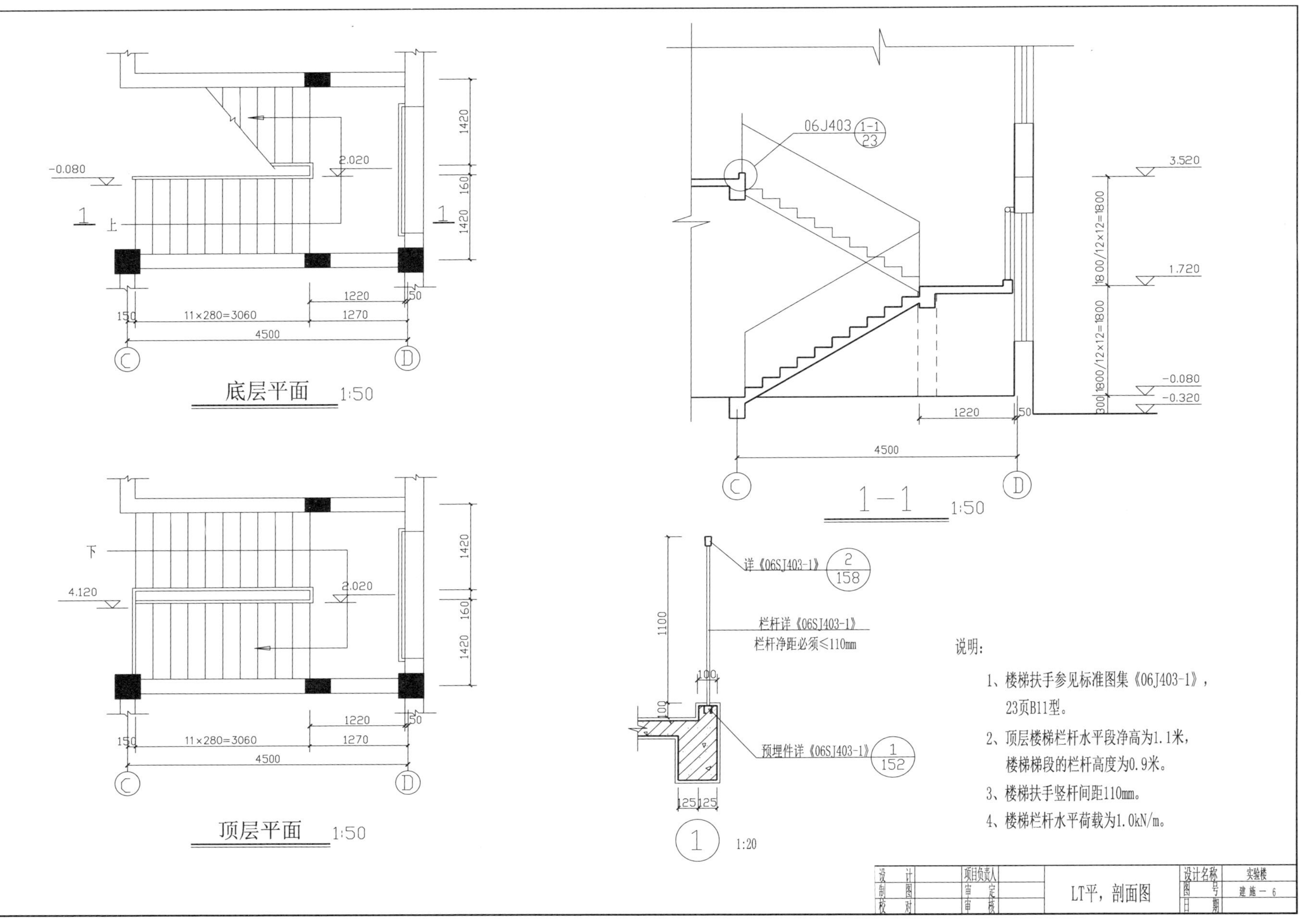
底层平面 1:50
顶层平面 1:50
1—1 1:50
详《06SJ403-1》
栏杆详《06SJ403-1》
栏杆净距必须≤110mm
预埋件详《06SJ403-1》
说明:
1、楼梯扶手参见标准图集《06J403-1》，
23页B11型。
2、顶层楼梯栏杆水平段净高为1.1米，
楼梯梯段的栏杆高度为0.9米。
3、楼梯扶手竖杆间距110mm。
4、楼梯栏杆水平荷载为1.0kN/m。
LT平，剖面图
设计名称 实验楼
图号 建施－6

图 17　LT 平,剖面图

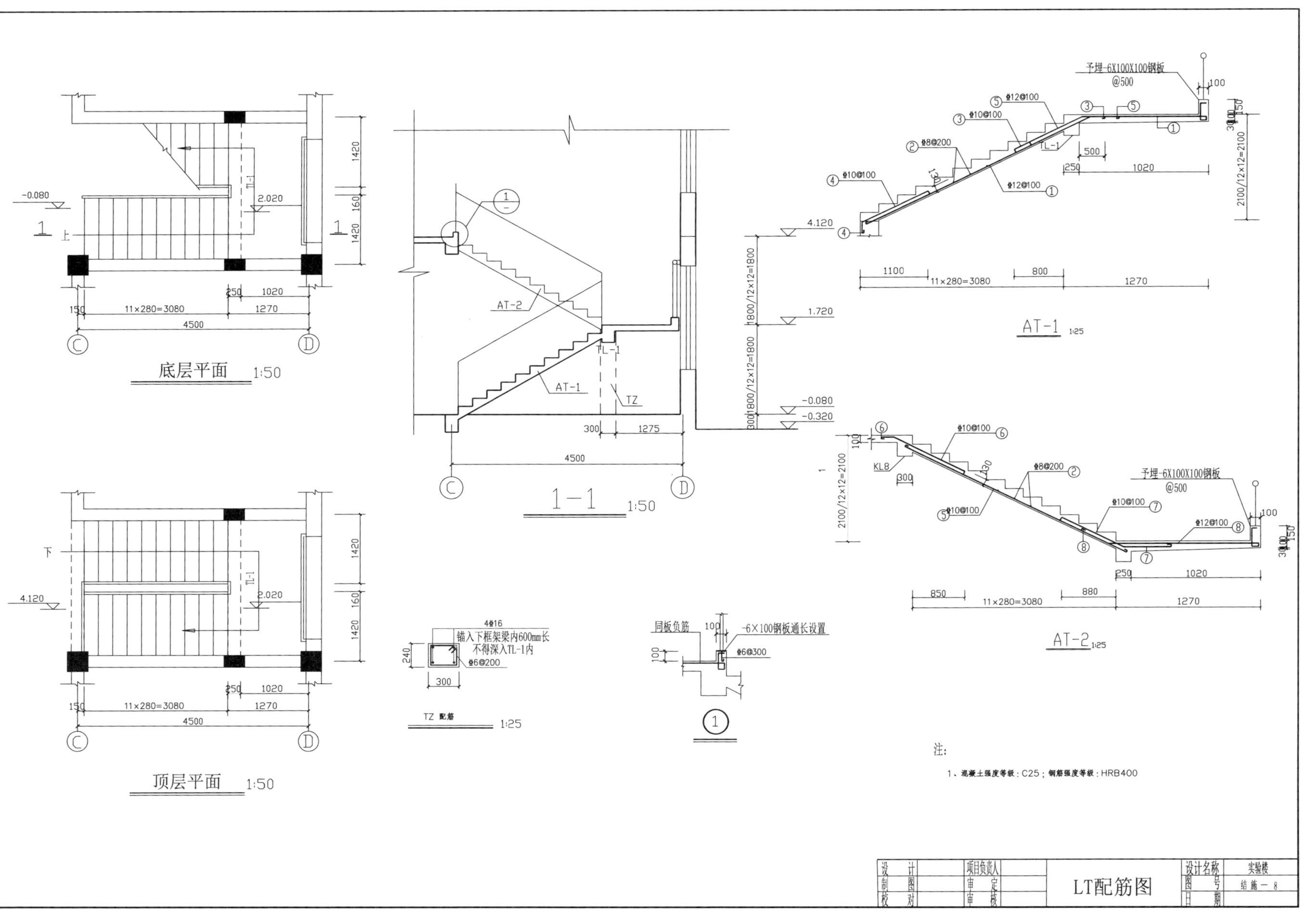

底层平面 1:50
顶层平面 1:50
1—1 1:50
AT-1 1:25
AT-2 1:25
TZ 配筋 1:25
4Φ16
锚入下框架梁内600mm长
不得深入TL-1内
Φ6@200
同板负筋
-6X100钢板通长设置
Φ6@300
予埋-6X100X100钢板
@500
注：
1、混凝土强度等级：C25；钢筋强度等级：HRB400
设计名称 实验楼
图号 结施－8
LT配筋图

图 18　LT 配筋图